THE PATH OF LEAST RESISTANCE

最小阻力之路

[美] 罗伯特·弗里茨 Robert Fritz 著
陈荣彬 译

华夏出版社
HUAXIA PUBLISHING HOUSE

推荐语

罗伯特·弗里茨的书罕见地融合了艺术训练、严谨知识与丰富的经验，其主题是关于为了创造有意义的人生而强化能力的方式。在我帮助领导者与经理人有效处理复杂性与改变问题的过程中，这本书提供的原则与方法已经变成了我的基石。

彼得·圣吉博士
《第五项修炼》作者、美国麻省理工学院系统思考与
组织学习计划负责人

这本书在创造力这个领域的地位，就好像彼得·杜拉克的书在管理学领域里的地位。罗伯特·弗里茨为我们理清了创造活动的历程，并且证明了每个人都能学会如何创造。

马修·尤希特
学习树国际公司董事

这是一本关于勇气与创造力的书。我们每个人都必须更为了解如何利用勇气来摆脱过往积习，踏上未来的创新之路。罗伯特·弗里茨的书教我们怎么办到。

> 赖瑞·威尔逊
> 前佩可思河学习中心董事长兼执行长

这是一本经过充分检验的创造宝典。它的内容意味深长，但却简单易懂；它的实效惊人，但读起来却充满趣味。

> 威利斯·哈蒙
> 《全球思想趋势变迁》作者、前思维科学研究院院长

我们常常面临二难的抉择：顺应还是反抗？ 比如当对手打价格战时，我们是不理还是降更多。这本书告诉我们，这二个根本就不是选项。我们应该做的是去研究问题的本质，然后创造出真正的第三选项。在我面临二难选择的时候，这本书帮到了我，希望也同样能帮到你。

> 张宁
> POA思维首创者

推荐语

读完这本书，我发现自己这几年的加速成长与经常将自己置身于创造模式有很大的关系。

这是一本可以真正改变你思维模式的好书，一旦你成为书中所说的创造者，你将收获更多乐趣、热情、希望，以及令人羡慕的成长速度。

剽悍一只猫
《一年顶十年》作者

《最小阻力之路》是一本全球研究「结构动力学」最权威的书籍之一。

一辆汽车有上万个零件，但你只需要通过油门、刹车和方向盘就能做到操控，因为工程师让汽车具备了精密的结构。

普通人和真正高手的区别——普通人脑子里只有几个零散的点，甚至头脑空空；而真正高手的大脑，一定形成了复杂的系统结构。

这个世界的系统结构无处不在——生态、人类社会、商业领域、产品设计、技能练习、孩子教育。掌握了如何识别结构并驾驭结构，无疑是你人生的金手指。

程驿
《认知颠覆》作者

这本书指出任何以问题为出发点的努力都容易陷入一种结构性的困境。创造过程也需要面对和解决各种问题，可它的动力并非来自解决问题，而来自把"作品"完成。在没有完成"作品"之前，创造的动力会一直存在。如果你想让一个理念成为现实，你自然会为它去寻找办法。如果你还在制定改变问题的计划，不如换个思路，想想怎么来创造一件"作品"。让你心里的美好理念变成一个看得见摸得着的现实，这是人生最美好、也最可能实现的愿景了。

陈海贤
心理学博士、《了不起的我》作者

　　我在4个月之内向多个朋友推荐了这本书，自己还认认真真读了两遍。我们太容易掉入反抗—顺应的陷阱之中，浑然不觉……越是看到人们尝试种种流行的改变方法——学英语、健身等，我就越坚信大多数的改变行动本质上都是自我安慰。当安慰作用达到之后，我们都懒懒地躺回沙发，生命中似乎缺乏持续向前的源源动力。但是当我们只有一个最重要的选择，真正的旅程才会开始。

　　选择你真正想要的东西吧。在"创造"的取向中做选择——基于渴望而非避免某事的情感。选择过一个有意义的人生，而不是选择避免一个无所事事的平庸人生。

学霸猫
公众号"轻松冥想"创始人

推荐语

大多数人认为乔布斯创造苹果品牌是灵光乍现的巧合，所以比起他创造力带来的成就，人们更羡慕他的好运气。然而平凡人可以拥有并不断提升创造力吗？当然！这本书揭示了结构性困境的存在，那些让你雄心壮志的开始，却又放弃的背后原因。你完全可以重新思考，调整步骤，换个姿势来挑战。生命只有一次，作为自己生命的唯一体验者，我们都值得拒绝为了创作而创作，为了创业而创业的干涸人生，转而去拥有一条最小阻力的高效之路。

郭蕾

知名早教机构投资人

目录

1　新版序
1　前言

第 1 部分　创造的要素
Part ONE　Fundamental Principles

2　第一章　最小阻力之路
　　　　　The path of least resistance

12　第二章　反抗—顺应取向
　　　　　The reactive-responsive orientation

27　第三章　创造与问题无关
　　　　　Creating is no problem—
　　　　　problem solving is not creating

42　第四章　何谓创造
　　　　　Creating

51　第五章　创造的取向
　　　　　The orientation of the creative

71　第六章　纾解张力之道
　　　　　Tension seeks resolution

82　第七章　弥补性策略
　　　　　Compensating strategies

104　第八章　结构性张力
　　　　　Structural tension

111　第九章　将概念化成愿景
　　　　　Vision

128　第十章　勇于面对现状
　　　　　Current reality

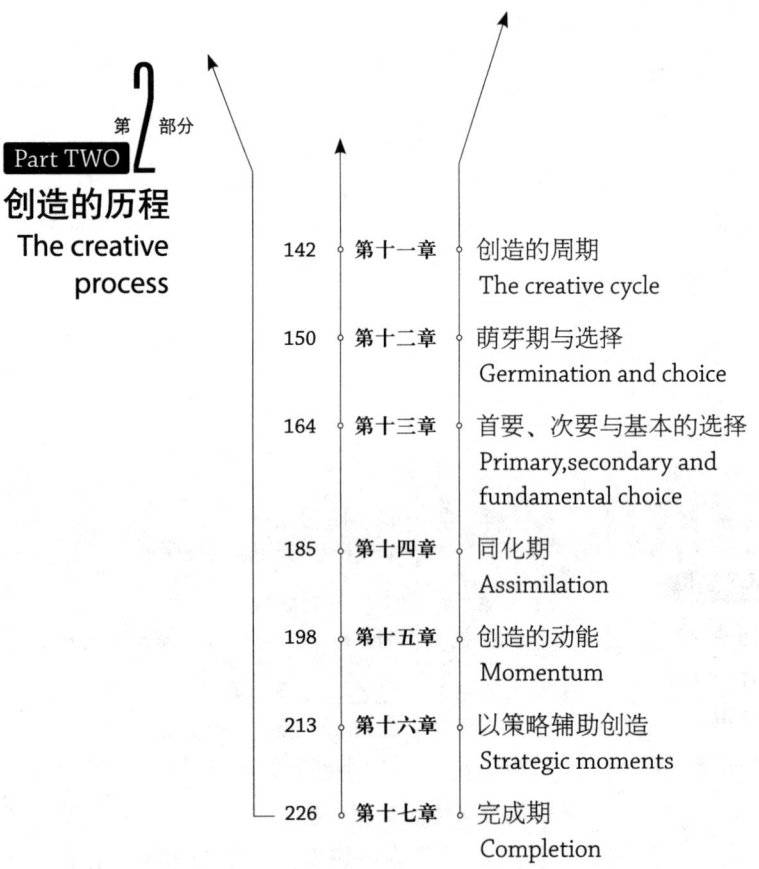

Part TWO 第2部分
创造的历程
The creative process

142	第十一章	创造的周期 The creative cycle
150	第十二章	萌芽期与选择 Germination and choice
164	第十三章	首要、次要与基本的选择 Primary, secondary and fundamental choice
185	第十四章	同化期 Assimilation
198	第十五章	创造的动能 Momentum
213	第十六章	以策略辅助创造 Strategic moments
226	第十七章	完成期 Completion

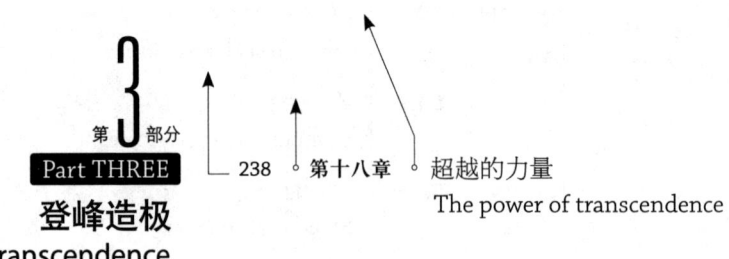

Part THREE 第3部分
登峰造极
Transcendence

238	第十八章	超越的力量 The power of transcendence

新版序

当我开始为这本书进行"小小的"修订时,认为这事还挺简单的。我计划加入一些新题材,并且将百分之二十的内容予以更新。但是当我面对旧版的每一章时,我发现自己想要重写的东西远比预计的多。最后,旧版有百分之七十都被我修订了。

这是一本以"创造历程"为主题的书,我想要跟大家分享一个与此有关的小故事。我并没有那种急于改书的迫切感。我对旧版感到相当满意。旧版的读者甚多,卖得很好,帮了许多人。但是,当我开始修订时,我发现自己已经有办法说出一些四年前不知如何表达的东西。相较之下,我发现自己的新洞见与旧版有所差异,而我想要写出一本能够表达出新洞见的书。在创造的历程里,这是常见的事。事实上,若读遍这本书,你会发现这种差异可以说是创造事物时最有用的驱动力之一。

当我最初考虑要修订旧版时,我并未很投入。在我坐下来开始修订之前,修订这本书就好像是把我的人生倒带,回到一个截然不同的阶段。然而,从着手修订的那天起,我突然间意识到,能够重新阐述我的概念,把它们更新,是多么不可思议的机遇啊!这又体现了创造历程的另一个原则。在创造的历程中,不管我们花多长时间思考,也不会知道结果为何。总是有一些不可预测的喜悦与挫折。这让创造更为令人兴奋。

创造历程是鲜活的。它是一种即兴演出。它是一种形式与风格,令人兴奋,也是一件苦差事。就我所知,它也是人生中最充满力量、最为个人的一件事。

过去十五年来,在为人们提供"创造技术"课程的过程中,我才得以写出本书的很多内容。那些课程分为基础与进阶两类,由我所成立的公司之———DMA公司安排。

这些创造历程的原则很重要且激励人心,能帮人学会如何创造出自己一生想要的东西。世界各国都有提供"创造技术"课程的地方。学员来自各行各业,教育程度也各自不同。许多大公司帮员工上"创造技术"课程。其实,不管是在客厅里,还是在教育机构,或者是在守卫森严的牢狱中,也都能上"创造技术"课程。就连乡间的非洲人,也有经过特别设计的"创造技术"课程可以上。

基于这个经验,我提出自己的观察结果:大部分的人都能学会如何创造事物。

"创造"与"创造力"这两个词汇经过我们的一再使用,早已变成陈词滥调。身为一个专业的创作人员(我是作曲家与艺术家),我不是很认同人们把这两个词汇用于不具创造性的活动。本书中的"创造"与"创造力"来自艺术与科学传统,而非源自心理学、人类潜能运动、新世纪思维、管理训练或者形而上学——它们也都使用"创造"与"创造力"这两个词汇,只是含义不同,定义也通常模糊不清。

学员们透过"创造技术"课程学会创作,就跟画家学会绘画、建筑师学会设计大楼、作曲家学会作曲还有导演学会拍片没两样。学员们所学会的,都是专业创作人员在一般生活中与职场上遵奉的创作原则。

"创造技术"课程让人们透过实际创作来学会如何创作。课程焦点不只在于帮学员达成他们想要的成果,也聚焦他们的人生。大多数人不认为人生也是一种创造历程，但是当学员把艺术创作的原则应用于他们的人生，人生也就开始改变了。

创造事物是一种会随着时间而变好的技巧。跟其他任何技巧一样，你也要花几周、几个月甚至几年的时间才能熟悉它。基于这一理由，不管是这本书还是其他任何书籍，最多也只能帮你开始而已。但是，只要能够带来真实而持续的改变，就是个好的开始。请你用这本书的原则来进行实践，把书中的概念用于你自己的人生，开始把你人生的其他领域当作创作历程来面对。

这本书提供了许多别处看不到的原则，但许多读者向我反映，即便未曾看过或听过这些原则，他们的直觉也能立刻认同。这些原则只是常识吗？答案是肯定，也是否定的。你能轻易地在自己的生活中观察到这些原则。你看得出我所描绘的许多结构与模式其实就潜藏在你的生活中。就此而言，你早已熟知它们。但这本书所描绘的另一个世界，则涉及了那些结构的性质。当你开始探索结构领域时，你就会发现生活中某些一再重现的模式具有特别的意义。你会开始了解那些模式是怎样形成的，你为何无法摆脱自己讨厌的模式，并且学会如何塑造出一些新结构，进而带来你想要的结果。

自从本书的初版问世后，我持续接到来自世界各地令人鼓舞的信件，许多人说他们开始可以像创作人员那样生活。得知许多人的生命因为这本书而改变，我满怀感激。

罗伯特·弗里茨
1988 年 10 月

前言 Introduction
人生的改变
由"结构"决定

20世纪60年代初期,在我还是波士顿音乐学院作曲专业的学生时,我就意识到,作曲不只是持续运用我们所学到的和声、对位、结构与形式等种种技巧。作曲这门艺术似乎有一种超越音乐之外的面向,我一方面被其吸引,同时也搞不清楚那到底是什么。除了音乐学院里学到的东西之外,任何伟大的音乐作品都有一种看不见也无法言喻的特性。我很想知道那到底是什么。

我逐渐开始观察音乐、绘画、雕刻、舞蹈、戏剧、电影、文学等各种不同创作历程之间的关联,还有我认识的人如何把同样的创作历程应用于日常生活当中。

身为一位作曲家兼音乐家,我发现创作历程实在迷人不已,因为其中融合了许许多多的人性面,有知性的与灵性的、理性的与直观的、主观的与客观的、技术性的与形而上的,也有科学的与宗教的。

许多人都认为会创作的人很神秘,因为会创作的人似乎能够轻易地容忍矛盾事物的存在。然而对于创作者而言,那些东西并不矛盾，只是必须持续寻求平衡，就像骑自行车时必须不断把重心左右移动，才能保持平衡。

　　钻研时空连续性的物理学家越是深入探究，就越是对超验的神秘经验保持开放的态度。同样，每当创作者的"某些宇宙"交汇在一起，形成某种单一实体——也就是他们的创作成果时，他们也会保持类似的开放态度。所以，身为作曲家的我当然就应该探索音乐以外的领域，探索人生的各个面向，借此找出创造历程的原则。

　　在探索创造力的时候，深深吸引我的是两个截然有别但却紧密相关的领域：形而上学与自然。20世纪60年代初期，我开始研究各种形而上学体系。研究之初，我抱持着相当程度的怀疑态度。我发现很多东西都充斥着教条与迷信，两者都是我到现在仍不喜欢的东西。但是，我也发现某些原则是一旦我们遵奉之后，就能产生巨大精神力量的。其中一种基本原则，就是我们的行为与环境之间的关系。信奉形而上学的人想要找出支配宇宙的律则，如此一来，个人多少就可以掌握自己的人生处境。形而上学的通则是这样的：发掘宇宙的样貌，并且采取相应的行动。这么做，是希望能够借由行动来得到自己想要的结果——无论是精神性、物质性或者心理上的结果。我曾涉猎过各种形而上学，多年后却失去了兴趣。

　　进行音乐与艺术创作的那几年，其实我所做的跟形而上学家很像，也是一种了解宇宙的工作。我的结论是，创作是通往我所认识的宇宙的最佳窗口。

　　另一个让我极感兴趣的领域，是了解大自然。我常待在森林里观察各种循环、各种力量之间的关系以及生长与腐坏的现象，还有自然要素如何彼此影响，形成一个相互关联的体系。我发现自己可以把某些自然原则应用在音乐创作上，成为我的作品结构，为此我感到极为兴奋。因为这些观察心得，我才能够发明新的音乐形式与结构，并且对传统的形式与结构有了前所未有的理解。

取得作曲硕士学位后，我先后迁居纽约与洛杉矶，成为音乐家。那些年，因为有机会与世界上最有才华的人们合作，我对创造历程又有了更深入的理解。成为业界的一分子之后，我对音乐的看法跟我在音乐学院时截然不同。我看出了专业人士与音乐教师的最大不同：前者必须进行持续性的高水准创作。因此，专业创作人员在创作历程中所遵循的判断标准也完全不同，较为实用，而这有助于促成他们想要的创作结果。

到了 1975 年，我又搬回波士顿，常获邀教人创作。我教人如何利用创作历程，但当时我对于组织化的教学法还没有概念。我打电话给几个我认为很厉害的人，建议他们见个面，设计出一个课程，教人学会如何创造。我希望我的朋友们能开发出这个课程，好让我推荐给别人。当我再度打电话给他们，想知道他们开发出了什么，答案是他们见了面，吃了一顿很棒的意大利菜，但还没有时间讨论我心目中的课程。所以，最后我还是得自己来。

1975 年，我第一次授课，之后就无法自拔了。相应地，我的许多学员都掌握了为自己创造出奇迹般成果的方法。

其中一位学员为自己创造出新的职业生涯，成为一家高科技公司的"内部"顾问。本来她在新英格兰地区最大的电脑公司工作，但那是一个没有前途的职位，她已经待了超过 12 年。上"创造技术"课程期间，她发现自己想要做的是一份可以偶尔出差的刺激工作，与有影响力的人合作，有机会对她所参与的任何计划提供重大贡献，同时薪水很高。到了上"创造技术"课程的第四周，她就开始做新工作了。先前，她工作的公司里并没有她想要的那种职位。在创造的过程中，她构思出自己到底想做什么，想要达成什么成效，对公司有何益处。当她最初跟部门主管说出自己的想法时，主管说那不可能。她没有退却，持续研究她的计划，还有公司业务的发展方向。与主管谈过的四天后,她与公司的资深副总裁见了面。一开始,副总裁看不出给她那一份新职位有何意义,但是她的准备很充分。她以极具说服力的方式证明她想要创造的新职位,因此副总裁决定让她如愿。结果她在新的工作岗位上成效卓著,公司在一年内就派手下给她,还有大笔预算可以使用,也很感激她的贡献。

另一位"创造课程"学员是个汽车技工。他是一间大型修车厂连锁店的员工,但想要迁居西南部,开一家自己的修车厂。这将会是他毕生最大的改变。当他知道自己的目标后,他就开始使用学会的技巧,把自己的希望转化成具体有效的行动。他设法找到资源,建立起他需要的关系。不到六个月,他就跟别人一起在新墨西哥州圣塔菲市开了一家修车厂,生意好极了。

其他学员也越来越有办法创造出自己想要的成果,如交了很棒的男女朋友,成为重要计划的一分子,找到令人兴奋的工作,职业生涯有了更好的机会,改善了健康,或者是增加了收入。尽管学员们所创造出的成果令人激赏,但最大的改变并不在于他们能达成什么,而是他们获得了一种新的能力。这些学员已经有办法创造出几乎所有他们重视的事物。他们有意识地培养出了这种能力。正因如此,他们才能够用截然不同的方式来看待自己的人生。他们不会受制于当下的环境,而是知道,无论在什么环境中,他们都能创造出自己想要的东西。这不是一种因为兴奋与激动而造成的自信假象,它是有真实根据的。他们之所能抱持这种态度,是因为有了创造的能力。学员们通过创造出一个个成就而学会了创造历程的技巧。"创造技术"课程的最大成就,就是让学员们学会持续创造出他们认为重要的事物。

开始教课之后,没多久我就创立了DMA公司,它是一个专门致力于传授创作历程原则的组织,后来我也开发出"创造技术"课程。

之所以选择D、M、A这三个字母,是因为它们在犹太灵修卡巴拉

前言 人生的改变由"结构"决定

(Kabbalah)里面具有特别的含义。D 所代表的是创造力与创造性的智慧，M 代表一种专注而灵活的思维，A 则是生命力或者生气（也就是所谓的普拉纳 [prana]）。因此，公司名称的
含义是，结合了专注的思维以后，创造力能够为我们带来生命力。换言之，另一个也许更棒的说法是：创造是人类精神的至高表现。

在这期间，我开始训练 DMA 公司的课程讲师，并且持续探索任何能够为人生带来持续性重大改变的事物。就目前而言，"创造技术"课程的讲师已经超过一千人，他们遍布美国、加拿大、英国、瑞典、荷兰、德国、法国与其他几个欧洲国家，还有澳洲、非洲与印度。我在写这本书时，已经有超过五万个学员从我的课程结业。

20 世纪 70 年代晚期，组织专家查理·基弗（Charlie Kiefer）邀请彼得·圣吉（Peter Senge）、彼得·史特罗（Peter Stroh）与我共组创新顾问公司（Innovation Associates），致力于帮助人们利用创造历程的原则来建立各类组织。创新顾问公司现在已经是组织发展领域里的佼佼者。

到了 1980 年，我又开发出一套新系统，它可以帮人观察、了解、利用生活中的长期结构性模式。因为我有个重大发现——这些模式似乎会造成种种可预见的惯性失常行为与结果。我把这个研究领域称为"总体结构性模式"（Macrostructural Patterns）。

研究结构总是令我入迷，不管是音乐结构、影像结构还是系统结构，特别是大自然与大自然秩序的结构。当我把结构原则应用在人类的发展现象之上时，我发现，许多关于人类成长与潜能的传统理论强调的模式都有其局限，而且它们所达成的结果往往与原先预设的结果刚好相反。

到了 20 世纪 80 年代初期，我建立了人类演化学院（Institute for Human

Evolution)，它是一个具有科学与教育性质的非营利组织，致力于深入探索、研发与创造结构性的人类发展方法，可以应用于心理学、心理治疗、教育与组织发展等各种领域。

以我对结构与创造历程的研究为基础，我在1981年大幅修正了DMA公司的基础课程。公司的讲师们立刻就表示，学员的生活开始有了更棒的成就与改变，更重要的是，这些改变不单是更为基本的，也是更容易促成的。之所以会有这种新的状况出现，是因为基本结构改变了——学员们用不同的方式来面对人生，过他们的生活。

到了1984年，我又为咨询人员开发出一套新系统，借此让他们得以了解客户的生活与组织的潜藏结构，并且予以改变。这一系统成效卓著，它帮助人们适应影响力庞大的新结构性模式。这种咨询方式就是所谓的"结构性咨询"（Structural Consulting）。

DMA公司的商用部门结合了"创造技术"课程与结构性咨询，帮助许多公司发展出新走向，让它们不再专注于解决问题，而是改以创造为己任。这是一种能够促成改变的最佳技术，不管是大型组织或小型组织都适用。

我们一方面持续深入探究创造历程的各种可能性，同时持续发展这种技术。如果有任何东西能真正改变人类文明的面貌，那应该就是创造历程。越来越多的人因为实践了"创造技术"课程里的概念而改变了人生。一旦他们熟悉了自己的创造历程，持续性的改变就会变成一种常态。一旦你学会了如何创造出自己认为重要的事物，你就不会失去那种创造力——就像一旦你学会了如何阅读，那种能力就会永远跟着你。这本书让你能够用截然不同的方式去面对人类成长的问题。过去在各种关于人类潜能的研讨会中，心理治疗师、心理学家和其他与会人士都有许多无法达成的目标，但这种新的技术却能帮你达成——它不只是帮你熟识创造历程（光是这种历程本身就深具革命性了），也促使你有能力改变人生的基本方向——塑造具有创造性的方向，培养出全然不同而且独一无二的生活态度。

　　此外，这本书也会让你对"结构"有另一番领悟。它不单是个人生活的关键要素，也是大自然秩序的运行原则。人们都知道，主宰着大自然的是一种重要的结构性原则，然而只有少数人意识到如何应用它们。这个原则就是：能量总是会沿着阻力最小的路面持续传递下去。如果你想要透过改变而达成的目标并未朝着最小阻力之路前进，你的目标就永远也不会达成。

　　读完这本书之后，你就会知道如何塑造出生活中的新结构，借此走上最小阻力之路，朝你真正想去的方向迈进。

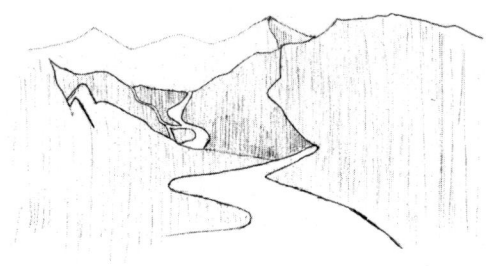

第1部分 Fundamental Principles
Part ONE
创造的要素

创造历程的各个步骤易于描述，但它们并未构成一个可以套用的公式，每一步骤代表着某种类型的行动。每次你创造出一个新成果，那都是一个独一无二的创造活动。

第一章
The Path of
least resistance
最小阻力之路

一旦你创造出一个新的结构,你的生命就会兴起一股全面性的动力,就像河水的水力一样,帮你达成你真正想要的成就。直接通往那些成就的道路,就是最小阻力之路……

路是怎样形成的

波士顿是我的故乡,去过的朋友常问我:"当年他们是怎样规划道路的?"波士顿看来似乎没有都市规划可言。城里的道路都是用既有牛径拓建而成的。

但是,这些牛径又是怎么来的呢?

在地面上移动的牛总是挑最容易的路走。当牛看见前方有一座山丘,它不会对自己说:"啊哈!一座山丘!我一定要硬闯过去。"而是会一步步慢慢走,挑最容易行走的地方,也许还会避开岩石,走最不陡的路段。换言之,山路的结构会决定它的行为。

每当牛通过同样的区域,路就会变得比上一头牛经过时更容易走,因此一条牛径慢慢成形了。

山路的结构造成了牛在移动时的固定行为模式。结果,波士顿的城市样貌居然是17世纪的牛走出来的。

顺势而行

一旦某个结构形成了,能量就会沿着这个结构的最小阻力之路往下传递。换言之,能量会沿着最容易的路线前进。

这一道理不只适用于牛,也适用于整个自然界。河水悠悠,流动时何尝遭遇什么阻力?当风吹过曼哈顿的水泥丛林时,也会经过最小阻力的路径。还有各种电流,不管是在灯泡这种简单设备上,还是在最复杂的电脑里,走的也是最没有阻力的路径。

如果你看过慢动作摄影术拍出来的人行道影片,就会发现行人在忙碌街道上走动时的模式——他们会避免挡住彼此的路。有时候行人最省力的路径是一直往前走,有时候是靠左或靠右,有时候是走快一点,有时候则是放慢速度,或者稍待片刻。

无论如今你走到了怎样的人生境界里,当初一定是沿着最小阻力之路走出来的。

生命的三大洞见

这本书建立在三大洞见的基础上。第一个洞见是:你的生命就像一条河。你所走的人生道路都是最小阻力的。而且我们都一样——不管是人类,还是自然界的其他事物。

也许你想改变某些生活领域里的流动方向,例如饮食习惯、工作习惯、与人交往的模式、对待自己的方式，还有你对于生活的态度。虽然你可以在短时间内成功改变习惯，但你会发现，自己最后还是回到了原来的行为模式或态度。这是因为你的人生已经被决定了，而挑选最小阻力之路是你必须遵循的自然法则。

另一个洞见也十分重要：最小阻力之路是由你生活中的潜藏结构决定的。就像波士顿周遭的地形决定了牛的最小阻力之路，河床决定了河流的路径。不管你是否意识到，这种结构都是存在的。不管是否有河水经过，河流的结构都是一样的。

也许你几乎没有注意到自己的生活里有结构存在，也不知道它们深具影响力，理所当然地决定了你的生活方式。

许多人每天以一样的方式过活，却又常常感到无力与挫折。他们企图做出重大决定，改变自己的情感生活、职业、家庭关系、健康或是生活品质，却在不久后发现，他们又回到了老地方。他们又开始遵循那些根深蒂固的旧有模式。

也许他们会发现，自己的生活中有些表面上的改变，但不知为何，似乎没有实际上的改变。他们知道人生不只是他们所体验的那样，但却不知道如何创造想要的人生。

如果河床始终没有改变，河水就会持续沿着它的路线流动，因为那是最自然的行进路线。如果你生活中的潜藏结构不变，你很有可能只能遵循人生的既有方向前进。

第三个洞见如下：人生的根本潜藏结构是可以被你改变的。就像工程师可以借由改变河道地形来改变河流的路线，让河水按他们的意愿流动。因此，只要改变你的基本生活结构，你也可以创造出自己想要的人生。

此外，一旦你创造出一个新的结构，你的生命就会兴起一股全面性的动力，就像河水的水力一样，帮你达成你真正想要的成就。直接通往那些成就的道路，就是最小阻力之路。

事实上，如果生活的潜藏结构能有适当改变，最小阻力之路唯一能够带着你抵达的地方，就只有你真正想要达成的目标。

这三个洞见所衍生出的指导性原则是：你可以学会找出决定人生的潜藏结构并改变它们，如此一来，你就能创造出自己真正想要创造的东西。

何谓"结构"？

所谓结构，是指事物的基本组成部分，以及每一部分如何在与彼此及整体关联的情况下运作。举例来说，人体结构指的是身体的各个部分，包括大脑、心脏、肺脏、血细胞、神经与肌肉等等，还有在彼此关联同时也与身体整个有机体关联的情况下，各个部分是怎样运作的。

针对巴克敏斯特·富勒（Buckminster Fuller）所提出的"综效几何"（Synergetic Geometry）概念，艾美·艾蒙森（Amy C. Edmondson）在她写的《诠释富勒》（*A Fuller Explanation*）一书里面是这样描述的：

思考是把众多事件予以孤立，而"理解"则是将它们联系在一起。"理解是一种结构"，富勒宣称，因为它意味着把事件之间的关系找出来。

医生学会了用结构的观点来思考人的身体。外科医生考虑的不只是生病的器官，也必须顾及整个身体的健康与存活。在开刀时，他们必须把血压、脑波、氧气摄取量、细菌数量还有过敏反应等都考虑进去。

把水倒进玻璃杯时，你一样也要进行结构性思考。结构元素包括玻璃杯、水、控制水流的水龙头、你想倒多少水进去，还有杯里已经有多少水。

当你倒水时，你有一个目标：把你希望的水量倒进玻璃杯里。你也意识到当下的情况：杯里有多少水。如果杯子里的水比你想要的水还少，系统就出现了差异。

为了弥补这一差异，你必须把水加进去，做法是控制水龙头。当现有的水量接近你想要的水量时，你会慢慢把水龙头关起来，让水流速度放慢；当现有水量与你想要的相当时，关上水龙头，就此消弭差异。

倒水的动作也许只需要几秒钟，但是在那短短的时间内却有一个结构系统在运作，所有的系统元素都牵涉其中。

万物都有一个潜藏的统一性结构。某些结构是物理性的，如桥梁、大楼、隧道与体育场。某些结构是非物理性的，如小说情节、交响曲的形式、电影的戏剧性律动，或是十四行诗的结构。不管是物理性或非物理性的，任何结构都是由相关的各个部分构成。当各个部分相互作用时，一个趋势就此形成：一种趋向于运动的特性。

结构蕴藏动力

每个结构内部都带有一种趋向于运动的特性，也就是从某个状态变成另一个状态的趋势。只是有些结构比较容易移动，有些则倾向于保持静止。一个结构之所以倾向于保持静止，是因为内部的组成要素彼此牵制。与砖头相较，轮子趋向于运动的特性更高。车子的运动倾向也高于摩天大楼。轮椅高于摇椅，摇椅高于沙发。

移动的趋向是由什么决定的？答案是潜藏的结构。

结构决定行为

这本书里面最重要的洞见之一，就是"结构决定行为"。有怎样的结构，结构内部就会出现怎样的行为。

下次有机会走进一栋大楼时，你可以注意一下大楼的结构如何决定你的行进路线。尽管在大楼里你有好几种方式可以抵达你想去的地方，你的行动仍然受制于大楼的结构。你不能穿墙，只能沿着走廊前进。你不能从窗户进房间，而是开门。你不能从某一楼跳到另一楼，只能走楼梯、电梯或手扶梯。

与此相似，你一生中的某些基本结构也会决定最小阻力之路。对你影响最深的结构由你的欲望、信念、假设、抱负与客观现实结合而成。

当你从结构的角度来考虑自己的人生时，最重要的是你不能把结构观点与心理观点混为一谈。心理学研究的是人类的心理状态，如果这是一本心理学理论的书，那我们必须考虑的，也许是你的思考机制。这年头有许多形态的心理学理论与假说，它们具有共同的研究主题：人类。

但这不是一本研究人类思维、心理或行为的书，而是研究结构的书。我们思考的是结构本身对于人类行为有何影响。

结构的研究独立于心理学研究之外，也与它不同。当我们开始理解结构的运作方式，并且把结构的原则运用于人类行为上面时，我们可以看出两个特别的原则。

第一个原则是：人类的行为与其生活的潜藏结构是相符的。

因为人类也是自然的一部分，其行为当然也必须遵循自然法则，这并不令人感到意外。但是，对于大多数人而言，这是一个新概念。我们的文化长期以来教我们漠视人与自然之间的关系，把自然当成我们可以任意使用、攫取、容忍或者反对的舞台或者背景，并且现实也正是如此。

这种人类与自然的关系实在太常见了，有人说它表现出人类最傲慢的一面，但我并不同意这样的说法。我想那些人并非因为傲慢，而是因为无知，才会提倡人类对抗自然。许多人把他们的人生视为与自然斗争的过程，作曲家埃克托·柏辽兹（Hector Berlioz）的隽语最能传达这种精神："时间是伟大的老师，不幸的是，它会杀死所有学生。"

第二个原则是：某些结构比其他结构更能促成你想要的成果。结构"并不是因人而异的"。就算有人陷入某个结构中，因此尝尽痛苦、挫折与绝望，那也不是代表老天爷故意整他一个人。不管把谁摆进那个结构里，他们都会有类似的经验。

很多人认为，改变行为就能改变他们的生活结构，其实刚好相反。我不认为人类是机械化的，相反每个人都是罕见而独特的个体，但每个人也都受制于结构的庞大影响力。谁也骗不倒"伟大的结构"。

有些结构会造成摇摆不定的状态，有些结构会把我们带往最后的目的地。钟摆就是一种会来回摆动的结构，火箭的结构则会让它达到最后的目的地，摇椅的结构让它得以来回摆动，车子的结构让它能抵达驾驶人想要去的地方。

来回摆荡的人生

有些人的生活结构导致他们来回摆荡。这些人的共同经验是往前移动，接着就会后退，然后又前进，继而再度后退。这种模式有可能持续重复，永无止息。因为受到结构影响，他们想要改变人生的企图一开始可能奏效，接着又失效，然后再度奏效、再度失效。

事实上，这些人的经验的确有所改变，只是无法持续。进步似乎只是暂时的。

我们所有人都偶尔会陷入这种结构中。然而，对于某些人而言，这却是他们的生活模式。在进步之后又被打回原来的模式中，任谁都会感到气馁。布鲁斯·斯普林斯汀（Bruce Springsteen）的歌曲《进一步，退两步》（*One Step Up, Two Steps Back*）就是想要传达这种状态。

如果你不知道这种来回摆荡的情况是某种结构衍生的，也许你会感到很纳闷，为什么你每次企图改变人生，到最后都是一场空？

许多心理治疗师常常用不恰当的方式来解释这种情况。他们提出自我破坏、自我毁灭、失败症候群等这些似是而非的观念来解释长期的来回摆荡。通常来讲，每当他们描述这种现象时，也都会提出问题的"解决之道"。

"如果你有自我毁灭的倾向，是否表示你对自己有意见？""你为什么想要尝试打败自己？""你为什么这么害怕成功？""有什么是你需要克服的？""你为什么拒绝改变？"

常见的概念是把失常行为归咎于你的内在状态，包括你的情绪、需求、恐惧、顾忌、冲动与本能等等。也许因为你与母亲之间有"没有解决的"母子问题，你才会避免与女性谈感情。也许因为你的童年创伤经验导致你害怕任何权威性的人物。也许你是因为太早断奶而变成了酒鬼。

各种解释与理论实在是不胜枚举。总之，它们全都认为是你出了问题。最常见的解决方式，则是找出问题的成因，予以补正，好让你恢复完全正常的状态。

人们往往会耗费好几年的时间与一小笔钱去试着解决问题。问题"解决"后，如果你还是一直没有成就，通常都必须找出另一个可以被归咎的问题。

如果你陷在一个会导致来回摆荡的结构中，没有任何解决方案可以帮助你。原因在于，心理学提供的方法无法解决结构问题，但行为却是因为结构而产生的。

我不是说那些方法都没有用。只是通常来讲，它们的效用都是暂时的，接着又会恢复原状。进了一步之后又退一步，然后再退一步。

试图用心理学的方法来解决结构性的问题，无法改变潜藏结构。

来回摆荡的速度有慢有快。恢复常态的时间可长可短，可能是一周、六个月、一年或两年。当一个人又退回刚开始出现的"问题"状态，通常会因为失败了而感到震惊与气馁。

如果你生活在一个会导致来回摆荡的结构里，也许你会认为这是一个有待解决的问题，其实你只是陷在一个结构里，这让你无法创造出自己想要的成果。

结构与创造历程

我们所接受的教育要我们把不符期待的状况当成是"有问题"。一旦把它们当成问题，我们就会试着去解决它们。而所谓解决问题，就是采取行动，把问题给排除掉。可当你在创造时，却是想借着行动让某种东西诞生，这也就是你创造的东西。请注意，这两种行为的意图是刚好相反的。

当你能够进行结构式思考时，你就能提出更好且更有用的问题了。你不会问：“怎样才能把这讨厌的情况给排除掉？”而是会问：“要透过哪一种结构，我才能创造出我想要的成果？”

14年来，因为DMA公司所提供的"创造技术"课程，我们才有办法目睹数以万计的学员改变了生活中的潜藏结构。改变不是靠解决问题，而是靠创造出新的结构。因为结构的改变也会让最小阻力之路随之改变，这些人才能够在生活中创造出他们认为重要的事物。

文明的重要发展都是靠创造得来的，但讽刺的是，大部分人所接受的都不是创造的教育。与大多数人透过传统教育体系和社会养成所学到的相比，创造历程本身是一种截然不同的结构。培养出创造者的传统与大部分人的养成传统完全不相同。

创造历程所利用的，是一种不会来回摆荡、直接往最后解决方案前进的结构，这样创造者才能够创造出自己想要的成果。

这本书会帮助你彻底了解创造历程的传统，学会这种历程的基本结构，借此创造出你想要的结果。接下来，最小阻力之路就会带着你往自己真正希望的方向前进。

这不是一本教你解决问题的书，它的目的是要教你创造出你想要的东西。许多读者可能事业有成，但如果生活中的潜藏结构无法助力于创造，也会感到受限。当你有办法进入一种可以带来结果而非让你来回摆荡的结构，这会带来全面的成功。它能增加的不只是你成功的可能性，还能提高你成功的概率。

艺术家不懂得善用天赋

最近，我在纽约市举办了一个只限艺术领域专业创作者参加的特别研讨会。会议室里坐满了导演、小说家、诗人、歌手、乐手、雕刻家、建筑师、作曲家、画家、电脑艺术家、摄影师、平面设计师、演员与剧作家。

我之所以筹办那一场研讨会，是希望有机会跟事业有成的专业人员合作。能跟一群早已熟悉创作历程的人在一起合作，实在是我的殊荣。

随着研讨会的进行，我却清楚地看出一个与预期不符的落差。这些厉害的创作人员大多没有把艺术领域的创作历程用于提升自己的职业生涯与个人生活，他们从来没有这么想过。

当然，我还在波士顿音乐学院就读时，也没有人教我们把作曲与创造历程的原理运用在生活上。毕业多年后，我才有了一个很棒的领悟：我不只能够把我接受的教育用于作曲，也可以用它来创造我想要的生活。

如果创造历程的力量真是如此庞大，我们难免会感到纳闷：为何有那么多艺术家会遇到生活的难关？那是因为他们不知道善用自己了解的东西。

许多参加过"创造技术"课程的学员都满怀感激，其中不乏一些专业的创作人员，因为他们学会了把自己早已熟悉的专业技能用于生活上。

艺术与科学的传统如此丰富，这让它们成为创造历程的最佳训练场地。创造者知道如何塑造出那种能帮他们创造成果的潜藏结构。对他们而言，最小阻力之路开始于他们的最初概念，最后带他们走向自己所预见的结果。

历史上，几乎每一种文化都有美术、音乐、舞蹈、建筑、诗歌、故事、陶艺与雕塑等作品。创作的欲望不会受到信仰、国籍、教义、教育背景或者时代的局限。我们每个人身上都有创作的欲望，但却很少人是在这种传统中被养成的。

当你开始了解生命中的最小阻力之路是如何运作的，你就等于加入了一个人类文明中最为丰富而重要的传统。这个传统所涉及的并不限于艺术，它包含了你生活中的一切，从最世俗到最深奥的领域。

第二章 The Reactive-responsive orientation 反抗—顺应取向

顺应或反抗不只是一种面对人生的态度，也是一种生活方式和取向。这就是本书所指的反抗—顺应取向。在这种取向中，你会根据自己目前或者未来的处境来决定采取什么行动……

你的童年

从小我们就被持续灌输一个观念：做每件事都要有一定的方式，不管是穿衣、吃饭或过马路。小时候，你的责任是认识这个世界，你必须了解所有的限制与界限。你必须知道自己在家里、在朋友之间、在社区里该扮演的角色。

如果真有"正确的"生活方式，那么你该做的，就是把那种方式搞清楚。孩提时期，你认为这个世界是一个谜，你通常不知道各种事件发生的原委。大人往往要你采取一些你无法理解的行动，而且讲话的口吻还暗示着:"你应该知道我的意思,如果你不知道,那就是你的责任。"

一开始,你以为大人都知道自己在说些什么。毕竟,他们似乎知道该怎么做许多很神奇的事。他们会开车、修理坏掉的玩具、煮饭,还会操作机器。他们讲话时也充满权威,如果你不听话,他们可能就会出言威胁。

过一阵子后,你变得不喜欢老是听命行事,所以你开始做一些尝试。面对别人的要求时,你开始说"不"。但有时成功,有时失败。成功的是,你开始受到关注,你喜欢受人关注。但那种直接且针对你的关注并不那么舒服,你不是很喜欢这种方式。渐渐地,你找到正向的受人关注的方式,能够让你在做想做的事的同时不会受到责难。失败的是,无论你如何尝试,有时候就是会惹上麻烦,而且你无法预测做哪些事会造成这样的结果。

在进行尝试时,你的主要目的是认识这个世界。此时你已经发现有些东西是你必须知道的。你觉得这是一件好事,因为当你表现出对这个世界已经一知半解的样子时,通常会获得奖赏,至少不会受到干涉。

你对这个世界的兴趣越来越浓厚,就越来越不想依赖那些照顾你的人。某些经验告诉你,大人并不是无所不知。

也许你妈跟你说,她光是看看你的舌头就知道你有没有说谎。如果你的舌头是蓝色的,她就知道你撒了个小谎。这种测谎方式总是准确,所以你就以为说谎后舌头会变蓝。后来,有一天你没说谎,你妈看看你的舌头,发现还是蓝的。突然间你遭遇了信心危机。如果你没说谎,舌头怎么还是蓝的?一定是舌头这种测谎器有时不准,又或者整件事根本就是你妈瞎说的。如果是这样,那说谎的人就是她。那么,在她跟你说的话里面,有哪些不是真的呢?你开始质疑大人的可信度了。

你仍然以为这个世界有某种运作方式,只是过去被你当作权威的人似乎并不总是正确的。你开始靠自己去探索这个世界。你跟同侪一起去探索,他们乐于与你分享自己的想法。关于男女之事,父母跟你说的搞不好还没有你从同侪身上学的多——尽管同侪给的资讯也许终究是错误的。

第 1 部分　创造的要素

你早早就发现，大人难以预测，而且也可能处事不公不义，气量狭窄又不诚实。为了不让他们生气，你学会了试着避免让那种情况发生。在你想做的事跟他们希望你做的事情之间，似乎是可以求取平衡的。渐渐地，你决定配合他们，或者是不配合。有时候当你配合大人时，他们似乎比较喜欢你，你开始把听话当成习惯。但你也会发现，配合与否好像也不是重点。有时即便你已经尽力配合了，他们可能还是不太喜欢你。这也许会导致你开始采取不配合的态度。

上学后，学校用某种特定的方式教你认识世界。一开始你也接受了世界的这个样貌——有很多种看待人生的不同观点，有些观点乐观，有些则是悲观。

你的某些人生观要你乐于助人、注意仪表，要你保有聪明、坚强与有趣等特质。

某些人生观要你记得这个世界有多危险，所以你该保护自己，远离麻烦，要让别人害怕你，或是把风险控制在最小的范围内。

在决定要接受哪一种人生观之前，你有很多老师。有些是你身边的人，例如父母、学校的老师、朋友或敌人。有些人是你心目中的英雄，例如摇滚巨星、影视巨星、政坛明星、宗教领袖或者虚构的角色。你的某些印象来自书籍、电影、电视、时尚与诗歌。

也许，你会发现某个人或者某一群人似乎知道答案。你猜想，这世界上应该有知道"人生真相"为何的特别人物。许多人宣称他们自己知道，而你必须找出那些说法比较准确的人。于是，你的人生便开始了寻找"人生真相"的研究。如果你知道"人生真相"为何，那你就知道自己该采取什么行动。这通常是有样学样，借着观察前人而养成的。

成长过程中的体会

某个心理学的研究把一台录音机装在几位三四岁的孩童身上，大人对他们说的每一句话都会被录下来。在分析录音带之后，研究人员发现，85%的内容都是大人要求孩子不要做某些事，或者因为孩子做了某些事而认为他们是坏孩子。

在成长过程中，你学到的东西大多是什么不能做，还有什么是应该避免的，或者预防某些情况，否则就会伤害到你或你身边的人。诸如"别在街道上玩耍""别烦你爸""别玩火柴""别迟到"等。

父母希望孩子们能避免不好的行为后果，这是可以理解的。但是，他们不断灌输并强化这种避开麻烦的观念，直到它成为孩子们毕生保有的一种本能习惯。即使你早已知道如何安全过马路或点火柴了，你的避险习惯还是没有改变。

从小你所学到的，实际上是这么一句话：环境是主宰生命的力量。这个信息可能以各种不同的形式呈现，例如你对某些情况做出适当回应，爸妈就会鼓励你，但做错就会批评你；上课答题正确时老师就会奖赏你，一旦错了就要受罚。

这种观念在我们的社会里可谓无所不在。你的反应"正确"，名誉、财富、身份地位、好公民的资格、奖赏、令人满意的男女关系、美满的家庭就会随之而来。一旦反应"错误"了，你就会遭遇牢狱之灾、在大庭广众之下出糗或者英年早逝等。

无论如何，大多数人都相信环境是驱动人生的一股力量。

当环境主宰你的人生时，你也许会觉得自己只有两个选择：或是顺应（respond）环境，或是反抗（react）环境。你可以选择当个"乖乖牌"，或是"叛逆怒汉"。

顺应或反抗不只是一种面对人生的态度，也是一种生活方式和取向。这就是我本书所指的反抗—顺应取向。在这种取向中，你会根据自己目前或者未来的处境来决定采取什么行动。

不幸的是，大部分的教育体系都会强化这种反抗—顺应取向。教育的目标就是帮助学童融入社会。事实上，大多数学校都认为它们的职责就是教会学生如何顺应环境，做出反应。

许多学生"适应得很好"，学会如何做出"适当的"反应。然而，他们不是因为喜欢学习或者渴求知识才采取那些行动的，而是想要适应人群，避免麻烦。

部分年轻人认为那些所谓适切的行为价值与规范过于武断，因此断然拒绝遵从，他们反抗教育环境或者家长的权威。对于叛逆的人来讲，环境仍然是一股驱策他们行动的力量。全美国各地在开家长会的时候，总是可以听到有人这样大声疾呼："如果他们能够早点'觉醒'，做出正确的回应就好了！"

顺应行为

顺应型的学生通常都能拿到好成绩，他们会主动调整学习模式，适应师长订下的标准。

长大成人后，我们还是持续被灌输各种顺应行为的信息。例如，大多数关于"人类潜能发展"的理论都鼓励我们学习各种更新更复杂的顺应行为，适应生活环境或"世界"。而所谓"新世纪运动"也了无新意，只是新的顺应行为罢了。这种取向跟所谓的"旧世纪"没有两样。跟过去几百年来一样，这些理论仍然承诺追随者可以过快乐的生活。正确的顺应行为仍是通往天堂或涅槃的门票，至少能确保你的生活快乐又安全。

这是多么完美的陷阱啊！一开始让追随者以为会获得自由，但最后却是一种束缚，好像把胡萝卜吊在马的眼前一样。这些理论的做法包括解放人类被压抑的意识、提倡正向思考、提供转化经验、教你如实接受事物、以"有创意的方式"解决问题、进行情境式的管理、修正行为、减压、以"新风格"思考，甚至还有各种形式的冥想，它们全都是教人顺应人生或这个世界，好像环境是人类的主宰。

遵奉这些理论的人常常在多年后仍学不会怎样创造出自己想要的东西。

他们所学到的，只是一些空有承诺的制式化顺应行为，没有任何效用，不会带来成就或解脱。

这是因为，创造与顺应完全是两码事！

反抗行为

有些人不顺应环境，而是选择与家庭或学校提倡的人生观唱反调。他们有可能公开反对，或者"阳奉阴违"。

如果你选择反叛，你一样也是相信人生被环境的力量驱策着。只是你深信环境并不必然是社会上多数人所认为的那样。

反抗行为以各种形式存在，有人愤世嫉俗，或者老是觉得未被善待。有些人怀疑别人，或者只是"像吃了炸药"。还有些人老是用阴谋论去看待当权者，抑或信奉一种反抗不公不义或者恶势力的政治、宗教哲学。

想测试自己是否心存反叛，只要回答以下几个问题就好了：

· 你是否长期反抗你身处的环境？

· 你的许多行为与信念是否都是为了反抗负面的环境而存在？

· 你是否认为自己处于一种必须反抗各种势力的生活处境中，而且反抗的目的通常只是为了继续存活下去？

我曾经造访过一家大型高科技公司的管理团队。会议开始时，有人说了一句简单却又精确无比的话："我们必须针对这个新计划达成某种程度的共识。"

此刻，整个团队开始争论了起来。他们争的是那一句简单的话是否正确，说那句话的人必须为自己的立场辩护。

争论了40分钟后，在剑拔弩张的氛围中，整个团队终于达成一致。没错，他们可能必须针对新计划达成某种程度的共识。

他们在如此简单的事实上面花了那么多力气，搞得精疲力竭，余悸犹存。那天早上，他们避免讨论任何东西。大家的精神紧张焦虑，如果有任何人提出另一个议题,可能会再度陷入40分钟的争论。

事实上,他们就是要去对付彼此的。他们使出各种策略性的圈套,有时候装出一副客气讲理的模样,有时则是扮演固执、易怒而且火爆的战士角色。

待在现场的我实在感到错愕无比。后来有人跟我说:"他们是公司里最守规矩的一群人。"这家公司的成员都是有名的"火爆浪子"与"跋扈女王"。因为行为叛逆,他们并没有好的表现,很快就失去了业界的竞争优势。

大家都遇到过反抗型的人。不管是在职场、家庭、官场还是社会中,都会出现典型的反抗行为。

大多数人,即便是生性叛逆的,终究也会选择"适切的"顺应行为。当反抗型的人"毕业"了,开始顺应环境,社会就会认为是教育与社会化过程成功了。但这些人还是因为内在结构的影响,始终来回摆荡。

反抗—顺应取向:"好人"跟"难搞的人"

不管本性再怎么"好",顺应型的人如果长期感到无力,最后还是会有积怨。当积怨到了一定程度,他们就会变成难搞的反抗型人物。但是,因为这种改变无法加强他们的力量,而且他们也感到无所适从,很快又会变成顺应型的好人。

就另一方面而言,难搞的反抗型人物引起如此大的骚乱,过了一段时间,他们除了一样有积怨,也会有罪恶感,因为长期造成破坏,感到无力。等到内心冲突到一定程度,他们会感到后悔,变成顺应型的好人。通常经过一段时间后,怨气又开始累积,他们又变回了难搞的反抗型人物。

有些人一辈子当惯了顺应型的好人,过程中数度暂时反抗。其他人则是一辈子都在反抗,偶尔顺应环境。许多人的人生都处于这种循环中,在反抗与顺应之间摆荡。荡来荡去,没完没了。

在不断改变的过程中，这种摆荡的结构始终没变。尽管人们的行为、态度甚至观念都会改变，但那种顺应或反抗环境的结构却仍没变。

无力的假设

反抗—顺应取向的基本假设是，我们都是无力的。

如果你习惯性地反抗或顺应环境，力量到底在哪里？显然，力量并不在你身上，而是在环境里。正因为你的身上并不蕴含着力量，所以你是无力的，环境的力量却庞大无比。

即便是那些被认为成就非凡的人，常常也是为了避免失败才会达到那种成就。

其他人则可能是因为害怕成功带来的讨厌后果，因此刻意避免成功。我们都知道，很多人之所以继续做他们不喜欢的工作，有时候还必须忍受令人痛苦的环境，是因为他们想避免新工作可能带来的不安全感与问题。

遵从反抗—顺应取向的人不管是成功或失败，总是会觉得不完整、不满足。如愿成功的人与没有成功的人之间的唯一差别，就是"成功的人"知道成就并未给他们带来自己真正想要的深刻满足感与成就感。他们的成就是一种空洞的胜利。

在这些情况下，他们的终极人生目的或意义为何？这种无目的感与无力感就是导致青少年自杀潮的原因。即便他们开始追寻意义，结果也可能只是对于危机的一种反抗而已。每年都有许多年轻人加入异教，原因是他们想要反抗生活中的无意义感。

向外索求

历史上，人类都认为只有追求个人以外的资源才叫作进步。政治家打造出统治我们的政府，科学家发展出塑造工业化社会的理论。大公司的设计师设计用品、电器还有交通工具，以及所有在我们日常生活扮演关键角色的东西。博学的教授写出影响人类心灵的书籍，心理学家使用各种治疗方式让我们的情感生活不再一团糟，医疗科技找出恢复人体健康的方法。然而，这些影响人类生活的力量都是外在的。一个常见的假设是：如果外在环境改变了，个体与团体的内在经验也会随之改变。

有些人相信，如果我们改变外在环境，让我们住得好，有适当的医疗照护，每周工作时间变短，有廉价的交通工具可以搭乘，家庭人口变少等等，我们就会过得更快乐、更健康、更和谐，心里更安稳。

事实上，许多人的确住得好，有适当的医疗照护，其他也应有尽有，但仍过得不快乐、不健康，心里不踏实。

20世纪初期，美国作曲家查尔斯·艾夫斯（Charles Ives）的哲学与美学思想大多承袭自亨利·大卫·梭罗（Henry David Thoreau），但艾夫斯与哲人梭罗仍有一处意见相左。梭罗相信，如果人类回到森林环境里去生活，自然会培养出一种超验的精神倾向。然而，根据艾夫斯的观察，弗吉尼亚州西部与田纳西州丘陵林地的居民虽然住在自然环境里，但多少世代以来大多还是没有达到那种超验状态。艾夫斯强调，他们大多只是把自己当成山区居民而已。

梭罗认为，改变外在环境，人的内在经验也会随之改变，但查尔斯·艾夫斯却认为并非如此。

大多数人都会因为外在环境的改变，例如革命的爆发或科技突破而改变他们的反抗或顺应行为，但他们内心的种种预设基本上仍未改变。他们还是认为，足以左右人生的那股力量来自他们自身以外。例如，尽管工业革命造成19世纪欧洲人口暴增与社会结构重组，那些足以决定个人命运的主宰因素仍然被认为是外在环境，就像在封建时代和现在一样。

如今，无论你是个农夫、工人、经理、实业家或者股票经纪人，你可能都倾向于认为人生的力量全都来自你必须顺应或反抗的外在环境。

把内在因素误认为外在因素

在所谓的反抗—顺应取向中,有些因素其实是内在的,例如恐惧、愤怒、疾病或者某些人格特质,但却都被当成外在环境因素。也就是说,人们反抗或顺应这些内在因素的方式,就是把它们当成自己无法掌握和控制的。它们被视为"内在的外在因素",例如:"我好生气,我必须离开房间一下""因为恐惧,我在工作面试时没有好表现""我跟父亲的关系不好,所以我似乎没办法和男人好好谈一场恋爱""每当我试着表现得自然一点时,我的脑子老是不听使唤""过于自我的个性老是让我惹上麻烦""我必须克服自己的邪恶本性""我的胃不习惯辣的食物"。

这些都是内在因素被人们当成外在环境的例子。尽管这些因素主要都是内在而且与自我有关的,对于具有反抗—顺应取向的人来讲,它们却像是来自人力所不能影响、无法直接控制的领域。

在讨论反抗—顺应取向的时候,任何刺激因素,不管是外在或内在的,如果它们能驱使人们采取行动,就被我称为环境刺激因素。

环境刺激因素

我们可以试着把反抗—顺应取向描绘成一种生活方式,那样过活的人总是会反抗或顺应自己无法直接控制的环境刺激因素。当他们的环境改变了,他们总是觉得必须反抗或顺应那些改变的部分。

在反抗—顺应取向中,环境力量似乎总是如此庞大——力量大于你我。我们总是觉得只能够反抗或顺应它们。即便已经培养出一种以智取胜的技巧,就像驯兽师征服猛狮一样,我们的生活方式终究还是被环境(狮子)控制。

回避负面后果

我的朋友凯伦抵达了一个我们俩都出席的派对,那里早已飘扬着音乐,挤满了宾客。派对主人跟她打招呼,带她去摆放食物的桌子边。

凯伦把开胃菜摆到盘子里,玻璃杯里倒满了波尔多葡萄酒,然后放眼望过去,看看是否有她想回避的人。因为我是凯伦的多年老友,知道这是她每逢聚会场合第一件必做的事。有时候我和她会拿这个习惯开玩笑。

说起话来总是没完没了的诺玛走向凯伦,凯伦假装没看见她,朝另一个方向穿越人群而去,一边微笑一边与好几个人打招呼。

就在她因为避开诺玛而松一口气时,她发现自己正走向刚刚结束第三段婚姻的老朋友约翰。她知道约翰会尽可能霸占她的时间,抱怨他的人生,就像他过去那样。所以,在走到约翰身边之前,她很快地跟他打了一声招呼,然后就急着往左转了。

另一个认识很久的熟人葛雷格刚刚跟另外两个人讲完一个笑话。凯伦钻进他们中间,刚好听到笑点,跟他们一起笑了起来。她待在那一小群人里面,倾听有趣的故事、轶闻与笑话,直到几个人分头走开。

就在凯伦要朝厨房走过去时,她被一个个头矮小但珠光宝气的女人挡住——那是珍。珍对着凯伦说了一段关于新鲜红萝卜汁好处多多的长篇大论,无聊透顶。就在凯伦找到办法脱身时,她已经打算倒第二杯葡萄酒来喝了。

接下来的时间,凯伦避开了许多谈话机会,因为她不想听那些潮男潮女们讨论外国的度假地点和晦涩的形而上学。她只是站在边上听,大多不发一语。最后她跟一个充满魅力、对她有兴趣的男人聊起了天。就在他似乎要开口邀她约会时,她很快地换了一个话题。每当无法决定是否要跟某个男人扯上关系时,她都是这么做的。

在派对上,凯伦一再采用反抗—顺应的策略,借此顺利绕过或躲开那些她不喜欢的情况。就反抗—顺应取向而言,这种回避策略是很常见的。

采用这种策略的人总是把焦点摆在要回避的情况上面，通常他们采取的行动就是试着确保那些情况不会发生。杞人忧天也可以说是一种回避策略，其目的是预防或者避免那些值得担忧的负面后果。有些人担心生病，有些人担心不被认同，其他人则担心被炒鱿鱼、被朋友拒绝或成为目光焦点等等。就每一种情况而言，每个人都把焦点摆在他们不想遇到的情况上，这种策略的功能是逼使他们采取防范措施。

好好检视一下自己的生活，如果回避负面后果已经变成你的一种生活方式，那就该注意了。

有些人不想跟男（女）朋友分手，为的只是想要避免分手后新生活所带来的不确定性。

有些人与男（女）朋友分手，为的却是避免处理感情生活中的那些愤怒、积怨与沮丧等情绪。

对于某些人来讲，到底要不要分手得视哪一种选择比较令人不适——到底是新生活的不确定性，还是既有生活里的积怨。不管他们的决定如何，他们做选择的根据都是基于一个假设：他们只能反抗或者顺应环境。

防患未然

在反抗—顺应取向中，为了回避讨厌的情况，有些人会采取一种更常见的长期策略，做法是一开始就避免那种情况发生。这种策略可以称为防患未然。

防患未然策略有好几种形式。有些人养成了独断的个性，目的是为了防范被别人操弄。开会时，有些人公开自我批评，是为了防范被别人批评。

有些人则是表现出不牢靠而不负责任的样子，为的是防别人要求他们承担大任。有些人则是戴上傲慢与不友善的面具，为的是防范与别人太过亲近。有些人很容易难过伤心，为的是防范遭人质疑。有些人则是故意让自己扮演受害者的角色，为的是防范被人占便宜。有些人把时间与精力用来做一些无私的事情，为的是防范自我怀疑。

有些细微的防范措施最后可能会变成终身采用的策略。例如，从小我们就了解各种有可能具有威胁性的情况，因此逐渐发展出避免那些情况一再发生的策略。

针对生活环境，某些人可能会说"我的生活实在太赞了"或者"我对生活感到好满足"，又或者"我的生活平凡，但快乐又平衡"。尽管这些人都说他们过得"好"，但更精确地来讲，应该说他们的生活"没有受到冲突侵扰"。长期以来，经历过一次次令人讨厌的情况后，他们培养出了种种精巧的回避策略，因此生活才能免于冲突。

法兰克生长在穷困家庭，爸妈常因家庭经济问题而担忧吵架。上学后，他总是因为穿着二手衣服而感到尴尬。因为怕出糗，他从不邀请朋友到家里玩。他常常没钱参加学校的课外活动。课余时间赚的钱他也都必须交出去贴补家用。

法兰克总是认为自己很穷。第一次结婚时，即便他的日子已经过得不错，他还是仔细规划家庭开销，锱铢必较，连家庭日用品也不例外。多年来，他尽可能挣钱，让自己的财务健全。如今，即使法兰克已经富裕了，每年收入超过十万美金，他还是仔细盘算每一块钱。

法兰克刻意不碰那些以贫穷为主题的杂志文章、电视节目或者报纸专栏。每当有中学友人邀请他参加婚宴或晚宴，他从来不去。因此，他的社交圈缩小到只与那些从小成长在富裕家庭的人来往。尽管家庭生活如此简朴，但是他买礼物和送钱给小孩时，绝不手软。他一定要他们穿品质最好的衣服——即便他们不想穿。他鼓励孩子邀请朋友到家里玩，特地帮他们打造了一个游戏间，里面有台球桌、音响、最新的电视游戏，应有尽有。

法兰克通常用"舒服"与"很棒"来描述他的生活。

事实上，法兰克的生活却持续潜藏着一股不安的暗流。他为自己创造出来的生活环境，其实是一种回避贫穷的精巧防范策略。创造这种优渥财务状况的真正动机藏在法兰克心底：他绝对不想再当穷人了。

法兰克的人生观是再多的钱也没有办法让他成为经济上的独立个体，因为他心里一辈子都带着穷人的印记。

防卫式的心态

法兰克的职业生涯决定其实都是为了预防贫穷而做出的防范措施。他对待孩子的方式,是为了避免他们遭遇跟他一样的童年体验。他对于掌握家庭开销的执着,也是一种避免浪费钱的防范措施。他避免媒体论述的贫穷问题,目的是不想提醒自己过去有多穷,就跟他拒绝与中学同学见面一样。

有些人的日子过得很好,但他们的生活却是建立在回避策略的基础上的,那种策略在他们的行为与心态中到处可见。他们试着筑起一道绝缘的高墙,让自己保持在"安稳"与"确定"的状态中。

也许你会认为,"这有什么错?毕竟,像法兰克这种人的日子过得舒适又安稳。过那种日子有错吗?"

法兰克的生活富裕,这件事本身当然没有错,但是他的所有抱负却都是以避免贫穷为动机。就此而论,他的精神生活等于是被禁锢在各种防范策略里,而且他为了避免自己不希望发生的情况耗尽了所有精力。

这种人持续牺牲了他们生活中真正想要的东西,借此换取安全、安稳与内心平静。然而,他们未曾真正感觉到安全、安稳或安心。透过这种防卫措施,他们在生活中最多也只能获得自满与平凡的感觉。在这种虚伪的安全感底下如暗潮汹涌的,是他们因为无法控制环境而感到不满与脆弱。

这一类人终究养成了一种愤世嫉俗的人生态度。他们全力追求一种虚伪的幸福,但心里却缺乏成就感与满足感。

他们持续采取回避措施,多年后逐渐开始感到无力。不管他们为了避免自己不喜欢的情况而建立起什么,他们都会变得充满无力感。尽管在朋友眼里法兰克可能是个有力的人物,但他最常体验到的是一种无边无尽的无力感,因为他必须持续设法掌控生活环境,借此避免他最害怕的贫穷人生。他从来没有摆脱过那种环境——他从来不是自由自在的。

不断循环的封闭系统

如果你的人生取向主要是处于反抗模式里,最小阻力之路将会带你走向顺应模式中。不过,一旦你抵达了,同样的路又会带你走回反抗模式。

如果你觉得这看来像是一个不断循环的封闭系统,那你就对了。如果你想要化解、改变、突破、转化、接受、拒绝或者避开这个结构,最终只会让它更为坚固。只要你想试着从内部去改变反抗—顺应取向,你就只会持续待在那种取向里。

在此我想提醒你,不要急着改变你的反抗—顺应取向,因为你可能会变成只从内部去做改变。结果,你不但不会成功,还会强化那种取向。

如果你无法用任何方式去化解或者改变这种反抗—顺应取向,你能做什么呢?答案是:什么都不要做,直到你能够深入了解某些具有影响力的结构机制,还有它们的运作方式。这是你转变到另一个新取向的准备工作,你能够借此熟悉最小阻力之路的原则,并且让创造力真正主宰自己的人生。

第三章

Creating is no problem—problem solving is not creating
创造与问题无关

当人们把"问题"与"创造"相提并论时，通常是指设法用某种不寻常的方式来摆脱难题。在此，"创造之道"是指一种风格，而非实质内容。它所指的也不是过去数个世纪以来艺术家与科学家们的创作方式……

"解决问题"与"创造"是截然不同的两回事。解决问题是采取行动，排除某种状况——也就是排除问题。创造则是采取行动，让某种事物出现——也就是你创造出来的东西。我们大多是在一个解决问题的传统中被抚养长大的，鲜少有机会接触到创造历程。

基于这一缘由，许多人都把两者给搞混了。某些专家大谈所谓"问题的创造性解决方案"，其实一点都无助于我们的理解。他们把创造历程与解决问题混为一谈，但两者是截然不同的。

问题解决者提出精巧的计划来定义问

题，衍生出各种解决方案，将其中最佳者予以实现。如果这个历程是成功的，他们也许就能解决问题。接下来的状态就是问题不见了。但他们还是没有得到自己想要创造的成果。

在我们的社会中，问题意识已经变成一种生活方式了。听听看选举时候选人怎么说？满口问题——赤字问题、国际竞争问题、贫穷问题、国防问题、游民问题、失业问题、犯罪问题、吸毒问题、贪污问题、教育失当问题、恐怖主义问题、政府失能问题、环境危机问题、福利问题、艾滋病问题、核战问题、核能问题、非法移民问题、交通问题、监狱问题、老人照护问题、赋税问题、航空安全问题、不公平交易问题、消费诈骗问题、工业问题……问题一箩筐。总统候选人投入初选后，就会开始谈论地方问题。在艾奥瓦州，他们大谈农场问题。到了密歇根州之后，好像突然忘了农场，转而发表关于汽车产业失业率问题的看法。等到他们抵达南方时，又换成了阳光地带的经济问题。到了东北地区，我们听到的则是能源问题。前往加州之后，主打的又变成环境、毒品与艾滋病等问题。

他们似乎都假设，能够把问题讲得最清楚的，就是人民应该投票的对象。如果候选人能把问题说清楚，就意味着他们真能看清问题的起因吗？如果他们用激动的语气谈起了人民受苦受难的悲剧，就意味着他们真能为那些人略尽绵薄之力吗？就算他们真能帮助，人民获得的又是什么？问题的舒缓。他们能够预测出即将出现的其他问题吗？他们能有效地解决问题吗？过去他们曾经表现出效能吗？如果答案是肯定的，为什么我们还是有一堆问题？为什么我们听到候选人谈论了那么多问题，却很少听见他们想要打造出什么样的社会？

历史上最伟大的领袖与政治家都不是问题解决者。他们是开创者，他们是创造者。即便在遭逢冲突的时代，例如战争或者经济大萧条，他们都为了打造出自己理想的社会而采取行动。丘吉尔（Winston Churchill）与小罗斯福（Franklin Delano Roosevelt）就是两个形象鲜明的开创者政治家。他们不只试着解选民之苦，甚至还有时间按照他们的愿景，把自己的时代打造成通往未来的基础。

第三章　创造与问题无关

问题一箩筐

创造历程的一个重要部分就是学会体察现状。我们的确有很多问题，问题需要我们的注意。但是，用解决问题来创造我们想要的文明，却是个不高明而且不恰当的方法，而且通常无法解决既存的难题。解决问题，最多也只能舒缓现状，但很少能够达到最后的成就。

这方面的案例之一就是埃塞俄比亚的饥荒问题。多年前，许多关心第三世界发展的人早就看见了饥荒问题即将到来。等危机大到失控时，世人才开始注意。如果问题出在许多人被饿死，最明显的解决之道是什么？食物。我们捐了大量金钱，用于进行紧急食物救援计划。很多人获救了，但是主宰局势的力量仍未改变。

埃塞俄比亚的政治局势依旧混乱。饥饿的人民仍然没有资源可以用于生产自己的食物。食物救援的贡献，只是争取到宝贵的时间，但争取到的时间并未被用于为人民生产足够的食物，建立适当的食物生产规模。在饥荒问题获得短暂缓解后，悲剧持续发生。食物救援是错误的解决方案吗？

不是。在危急存亡的时刻，就像埃塞俄比亚出问题时，我们必须尽力面对当下的危机。但我们必须承认，这是一种只能为我们争取时间的行动。如果我们没有把时间用于创造出一个可行的社会体系，最多也只是把悲剧延后而已。

光解决问题是不够的，这一点我们可以从埃塞俄比亚的饥荒看出来。募款与捐赠食物等行动背后的驱动力是什么？是问题的严重性。电视上到处是饥饿儿童的照片。有人登高一呼，向外求援。来自世界各地与各行各业的人纷纷响应。摇滚天王们为"拯救生命演唱会"（Live Aid）献出自己的歌艺——该演唱会是历史上规模最大的公开活动。整个世界都为这个理念积极投入。募得的款项数以百万计，食物与药物等救援物资如潮水般涌入埃塞俄比亚。埃塞俄比亚政府克服了物资分配的难题，大部分食物都送到难民的手上。

第1部分 创造的要素

情况有所改善,媒体的热度退却。登上黄金时段新闻节目的饥饿儿童照片越来越少,报道速度变慢。登上新闻节目的换成了其他新问题。埃塞俄比亚不再是目光焦点。这导致采取行动的人越来越少。但是事到如今,不管是埃塞俄比亚或世界上其他国家,还是有孩童被饿死。

请注意,这令人熟悉的模式是由几个步骤构成的,它显示出一个前后摆荡的发展模式。

解决问题的最小阻力之路是让问题从恶化变成改善,然后再由改善回归恶化。这是因为,所有的行动都是由问题驱动的。如果问题因为你采取行动而改善了,你采取进一步行动的动机也就没那么强烈了。

结构是这样的:问题导致有人采取改善问题的行动→问题改善了→我们没那么需要采取其他行动→未来更少人采取行动了→问题仍然存在,或者是问题再度恶化。

问题

导致——解决问题的行动

导致——问题改善

导致——解决问题的行动变少

导致——问题仍然存在

人生由一连串问题组成

这个模式不可能用来解释世界的问题,也适用于我们的个人问题与职场上的问题。许多人认为,人生由一连串要解决的问题组成:令人不开心的恋情、糟糕的工作、长期健康问题、财务困难、令人备感压力的家庭生活、不肯挺你的同事、公司里勾心斗角。

许多人的人生与他们的问题始终脱不了关系。他们所采取的大部分行动都是为了解决问题,借此摆脱问题。但尽管他们采取了那么多行动,问题仍然一箩筐。有些人必须面对老问题,有些人则是有新问题。

他们之所以采取行动,是因为问题恶化。一旦问题改善了,他们采取行动的动机就没有那么强烈。因此，若你把解决问题当作一种生活方式，你的人生就注定要失败。

解决问题是一桩好差事

几个月前，DMA 公司的资深经理人职务空缺，因此我们面试了几个人。许多应征者都夸口表示他们喜欢解决问题。"想到要帮你们解决问题，我实在是迫不及待啊！"其中一个人用夸张的口吻说。

恐怕他还要再等等啊，我们把工作给了别人。

许多来应征的男女都认为解决问题的能力是一种参考指标。为什么？因为问题与解决问题是让人感兴趣的主题，它们让人感觉到自己的重要性。除非是重要人物，否则谁会有重要的问题呢？经理人所受的训练就是用想问题的方式去思考。经理的资格越老，承担的问题就越了不起。

讽刺的是，解决问题会让人产生虚假的安全感。它让你知道自己该做什么：找到问题，把它解决。如果没有问题，你该想些什么呢？你该怎么打发时间呢？

若有问题可以解决，你的焦点、行动、时间与思绪几乎可以自然而然变得井然有序。就此而论，当你有个容易的问题可以应付时，你根本就不用思考。只要让问题盘踞脑海即可。你可以专注在出错的地方，在心里不断回想。你可以担心与发愁。你有东西可以跟同事与朋友诉说。你可以让自己似乎毫无选择，因为面对困境而不得不退缩。你可以享受那种"个人对抗恶劣环境"的浪漫氛围。解决问题不单是一种令人分心的差事，同时也让你误以为自己在做事，别人不能没有你。

解决问题的"创造之道"

当人们把"问题"与"创造"相提并论时，通常是指设法用某种不寻常的方式来摆脱难题。在此,所谓"创造之道"是指一种风格,而非实质内容。它所指的也不是过去数个世纪以来艺术家与科学家们的创作方式。

画家作画时所展现的"创造"与解决问题时所展现的"创造",绝对是两回事。画家作画不是为了解决问题,而是为了用艺术作品来呈现现实世界。画家并不是因为觉得画作不存在是个问题,所以非把它画出来不可。(除非有哪个画家认为空白画布是这个世界的问题之一。)

解决问题时,脑力激荡是一种典型的"创造之道"。所谓脑力激荡,就是用天马行空的自由联想来突破既有的思想框架。重点是必须克服惯常的思考模式,如此才能想出另类的解决方式。你暂时搁置批判性判断力,激发出更多创造。

"解放你的奇想"

这种问题的解决之道把焦点摆在解放你的心灵。此观念源自心理学家对于创造力的看法,它本身就是一种解决问题的模式。

这种模式假设人们在思考时过于拘谨,因此有所局限。一般的思考方式受限于习惯、信仰或者心理障碍等各种藩篱。解决此问题的方式,是我们必须突破种种藩篱或障碍,"解放心灵"。这种模式不用一般的方式去进行思考,而是采用新的联想方式。联想过程中你必须先把批判判断力放下,以免思绪受到阻碍。

这种思考方式假设人类有丰沛的创造力,但是被禁锢了。唯有解除种种枷锁,创造力才能像一条河流,开始流动。尽管威利斯·哈曼(Willis Harman)在人类意识进化的相关论述上是一位引领时代的思想家,但也不免落入了这种模式的窠臼中。他在《提升创造力》(*Higher Creativity*)一书里面写道:

为什么不是每个家庭都会出现一位贝多芬、甘地或者爱因斯坦之类的人物?如果每个人都有自我突破的天生能力,可以把自己的创造力拉到另一个层次——那么,到底是什么东西把钥匙藏了起来,阻碍了大多数人,让我们无法发现如何利用那些天分?

但是,以贝多芬为例,他绝对不会认为他"把自己的创造力拉到另一个层次"。他不是某天早上起来就突然发现自己会作曲了。他也不会枯坐沉思,等待他那卑微的"低等"创造力因为灵光乍现而变得卓越超群。他是苦练多年才累积了越来越多关于作曲的经验。一开始,他的音乐还是属于古典时代的风格,与莫扎特和海顿没什么不同。贝多芬独特的艺术风格是经年累月培养出来的。

他的音乐之所以伟大,与他伟大的品格有密不可分的关系。他不是一个不会思考的草包或者抄袭者,偶然间获得了"更高层次的创造力"。他是一个能把生命经验的各个面向都融入作品中的大师级音乐家,包括精神、哲学、性爱,甚至日常生活与世俗等各个层次的经验。在作曲方面,他也是技巧最出色的音乐家之一。

他把生活当成创作时的材料。与其说他的成功是一种"突破",不如说他走的是一条不断学习的道路。他的创作过程是不断演进的。透过这种演进,他才在音乐史上掀起了一场革命。在研究贝多芬的作品时,作曲家罗杰·塞欣斯(Roger Sessions)曾这样讨论过灵感的问题:

> 我手里有他的《降B大调钢琴奏鸣曲》的最后一个乐章;从草稿看得出他(贝多芬)在仔细建立模式,然后用系统的而且显然非常冷静的方式来测验赋格曲的主题。有人可能会问道:在这里他是如何获得灵感的?然而,如果"灵感"二字真的有意义的话,对于这个乐章而言当然是适当的,因为,跟整首曲子的主题一样,它展现出一种令人无法抗拒的表达能量。

也许有些人认为自己想象出来的音乐比贝多芬的作品更棒。但创作者不只是想象或预想,他们还有把想象的东西创作出来的能力。一旦他们创作的作品问世了,就能启动一个演进的历程。每一部先前被创作出来的作品都为后面的作品奠立了基础。

有人主张"创造力之钥"的说法,好像暗指如果找到"正确的钥匙",

就能够解放被禁锢的创造力，但我觉得这并无值得参考之处。

我可以想象为什么有人会提出这种有关创造力的"解锁理论"：根据心理学家的观察，有创意的人做的事情往往都是如此不寻常。因为创作者深具原创性，他们似乎就跟其他大部分的人有所不同。"解锁理论"接着主张，如果我们可以鼓励这种原创性的发挥，那么就会有更多人拥有这种原创性与创造力。

这有一点像观察会弹琴的人与不会弹琴的人，而后提出来的理论。如果我们仔细观察会弹琴的人，我们只看到他们的手指在黑白琴键上按来按去。根据上述的"解锁理论"，如果我们鼓励不会弹琴的人坐在钢琴前面，按一按黑白琴键，好像他们就能变成钢琴家。

在某些关于创造力的心理学测验里，接受实验者必须尽可能列举出砖头的用途。测验的概念是，能想出越多用途的人，创造力就越高。这又是一种错把解决问题当作创造的谬误，实际上，所谓创造不只是想出各种不同答案而已。如果著名建筑大师弗兰克·洛伊·莱特（Frank Llyod Wright）只想得出砖头的唯一用处（盖大楼），我想他应该会被当成一个没有创造力的家伙吧？

关键问题

前述的几种理论都忽略了关于创造历程的关键问题："我想要创造出什么？"创造历程之所以蕴含创造性，并非因为创造出各种选择性，而是创造出一条由原创概念通往创作成品的路。我们可以用这个问题来检测任何关于创造力的理论：你可以利用那个理论来创作音乐吗？你可以想象莫扎特在写《费加罗的婚礼》的时候，会利用脑力激荡的方式来思考各种选择性吗？如果他用的是这种方法，他就不可能在几个小时内写完了。

如同罗杰·塞欣斯所描述的，贝多芬的草稿本里面写满了各种主旋律与变奏曲。会写出这些草稿，表示他的创作方式不是自由联想或者设想各种可能性，而是意味着他在集中研究音程结构中不同部分之间的互动关系。所以塞欣斯说："建立模式，然后用系统的而且显然非常冷静的方式来测验赋格曲的主题。"在撰写草稿的过程中，贝多芬的判断力并未被他搁置，而是加强了。

创造历程中充斥着各种各样的风格，从极为节制的到非常狂放的都有。但是，这些风格存在的那个脉络，就是创造者脑海中所设想的那些结果。

在这个脉络中，判断力正在集中地发挥作用，而非被搁置了。因为创造者熟悉自己的创造历程，因此其他可能性就越来越少了。对于创作者来讲，"方式精简即是美"。他们越是熟悉创造历程，从原创概念通往创造成品的道路就越直接。

解放心灵与集中心智是完全不同的两回事。集中心智时，创造者需要一个投射注意力的对象。对于创造者来讲，他们投射注意力的对象就是他们想要创造出来的最后成品。

解放心灵却有点像在你希望有鱼的水池里钓鱼，你压根儿不知道会钓到哪一种鱼、该怎么钓。

创造，则像是真的在钓鱼。到水池以前，你就已经知道自己想要钓哪一种鱼了。如果你想要钓鳟鱼，你会带着飞蝇钓设备。如果你想要鲈鱼，就要带着铅锤与钓饵。

创造过程中总是有未知数，就像钓鱼一样，但是当你知道最后你要创造出什么时，你就有办法聚焦在创造历程上，而不是让创造历程变得凌乱随意。

解决"问题"无法带来成就

有些人因为不知道自己到底要创造什么，常常认为问题与人生相关，问题里有很多重要内容。但是，经过仔细检视后，我们会发现问题常常是不重要的。解决问题虽然是一种生活方式，但却无法带来太多成就。

对这个主题进行多年的研究后，心理学家卡尔·荣格（Carl Jung）提出了以下敏锐的观察结果：

人生中所有最严重而且最重要的问题，基本上都是无解的。……问题无法被解决，只会被更大的问题掩盖掉。进一步仔细斟酌后，我们可以看出这种"更大的问题"将会把注意力提升到另一个层次。病人的兴趣提高，关注范围变大，而且视野变宽，无解的问题也就失去了急迫性。并非问题本身获得了合理的解决，而是因为一种更新、更强烈的生活焦点出现，问题只是相形失色了。

为了解决问题而付出的心力，几乎可以说完全无用。解决问题并无持续性的价值，因为它等于还是为了发生的状况寻找"适当的"顺应之道——这里出现的状况就是问题本身。

从务实的观点看来，大部分采取问题解决策略的人到最后都放弃了。有个朋友跟我说，他的公司为了解决问题而投入了大笔经费。

我问他："最后你的公司使用了多少个问题解决式的技巧？"

"一个也没有，"他回答，"我们花了许多时间想出未曾使用的构想。一开始，大家因为作法有所改变而感到兴奋。但接下来却没有实效。如果那些技巧终究是有用的，我们就会使用。但实际上，我们只是想出一堆有趣但是无用，而且没有人真正关心的东西。如我预料的，结果是不切实际，而且有时候显得有点愚蠢。"

"减缓病情"与"创造健康身体"不同

过去一百年来，心理分析之父弗洛伊德（Sigmund Freud）对心理治疗与心理分析的影响至深。尽管上述两个领域的改革者们并未直接诉诸弗洛伊德的理论，但实际上还是采用了他的医疗模式。

身为一位精神科医生，弗洛伊德所接受的就是解决问题的训练，观察病症、诊断病因、开立处方。他致力于缓解病人的痛苦。治疗的目标就是减轻病痛。

在心理治疗的领域里，这种医疗模式还是最常用的。找出问题，解决问题。在帮助病人时，这种模式实在是弥足珍贵。解决问题有其特定功用，最有效的地方就是把它用于医学中。伟大的电影导演约翰·休斯顿（John Huston）活到八十几岁时，有人问起了他的长寿秘诀，他的回答是："接受手术治疗。"

但是，医学并不能创造出健康的身体。它只是一门用来治愈疾病的学科。医学领域中的确有些比较先进的学派把健康当成医学的目标，但是大多数医生到现在仍无法体会的是，"减缓病情"与"创造健康身体"之间截然有别。

"创造"与"解决问题"的清晰区别

在艺术的传统里，大家都知道创造不同于解决问题。这个区别之所以重要，是因为大多数人对于创造出自己想要的生活都有浓厚的兴趣。解决问题无法让他们获得自己想要的，却常常让他们不想要的东西永远留存下来。

若想彻底了解两者之间的不同，我们可以把埃塞俄比亚饥荒危机的解决之道拿来跟第三世界的另一个开发计划相提并论。这个计划是非洲食物与和平基金会（African Food and Peace Foundation）在乌干达持续进行的工作。

基金会的几位发起人邀请我加入计划，充满热忱的他们都认为，"创造历程"这个理念能够为世界发展奠立坚固基础。这个计划并不依靠国外人员与资源的介入来缓解问题并促进发展，而是以训练为基础：训练乌干达乡间的村民们创造出他们想要的生活。

过去乌干达曾遭受压迫，其历史是由部族与宗教偏见、饥荒、内战、经济衰败、剥削与天然疾病交织而成的。如果想要初次实施这一类计划，在发展过程中让人们学习创造历程，乌干达是个好地方吗？还有哪个地方比它更具代表性、更能呈现出在第三世界肆虐的普遍问题？

第1部分　创造的要素

20世纪80年代初期，汉·维尔特坎普与妻子西尔瓦娜（Han and Silvana Veltkamp）找到我参与该计划时，我非常认同他们的理念。这是第一次有人不用解决问题的角度去看待发展工作，他们怀抱的是一种带有愿景的新动机。维尔特坎普夫妇都是负责发展计划的联合国员工，先前已经在类似的救济与发展计划中投掷了数以百万美元的经费，但却无法大幅改善各国人民的生活。在发展工作中累积了大量经验后，他们的愿景是进行一项主要由当地人民自己推行的计划，强调透过训练达成自给自足，并且证明真正的发展方式可以在非工业国发挥影响力。

DMA公司设计了一个特别计划，以创造历程为计划的元素之一，其内容融合了生产粮食、发展农业、促进健康、提供干净饮用水与教育等工作。

计划的优势之一是让乌干达的领袖们可以到联合国去受训，成为"创造技术"课程的讲师。接着，这些青年男女回国后便进入施行计划的各个村庄。

短短几年间，发生了许多原本被村民视为不可能的改变。

尽管乌干达的政治局势仍有起伏震荡，部族战争持续进行着，民生凋敝，还有其他很多棘手问题浮现，开展计划的那些村庄却有着截然不同的样貌。

即便在情势不利时，村民还是越来越能创造出他们想要的生活。

在开展计划的六个村庄里，原本衰败的经济繁荣了。这是个地方性的现象，完全不受该国经济影响。之所以有这种改变，是因为村民已有能力创造出自己想要的村庄。

计划进行过程中曾发生过许多动人的故事。数以千计的村民生计改善了。与过去那些救济与发展组织投入的庞大经费相比，这一计划的支出只是九牛一毛。

乌干达乡村发展与训练计划（Rural Development and Training Program）的执行长恩瓦里穆·穆舍舍二世（Mwalimu Musheshe Jr.）后来以下面几段文字描述该计划：

第三章 创造与问题无关

1981年，乌干达的情况看来是险峻的。经济因为阿明将军（Idi Amin）的不当统治而被搞垮，基础建设遭到摧毁。政局与民情陷入混乱，数以百万计的乌干达人民都过着苦日子。人们只能获得最低限度的社会服务，而且在1979年的"解放战争"后，曾亲眼看见满地疮痍的人都说，国家需要庞大外援与救济才能恢复元气。

人民已经失去了希望，企盼国际社会介入。这在当时是大新闻。非洲食物与和平基金会和乌干达乡村发展与训练计划（正式名称是"乌干达计划"）就此问世。

1982年12月，乌干达西部某座村庄召开了第一次村民讨论会，显然大家都急于谈论自己的种种问题，表达村庄的许多需求。最常听到的一些话是："我们这个没有，那个也没有！""害虫与热病快要害死我们了！"村民要求计划人员帮忙消灭人畜疾病，驱逐那些欺骗他们的无耻生意人，猎杀专吃农作物的野生动物。他们说，因为没有药吃，医院又远，巴士或计程车车费太高，许多孩子都因为得了麻疹、痢疾、结核病与其他传染病而垂死。有些人抱怨政权有多专制，其他人则说他们的农产品售价太低。所有人都说得出自己有多么无助，希望求取众多问题的解决之道。

在乡间推行乌干达计划的假设之一，就是乌干达人民与其他地方的人一样，都是开发计划能否成功的关键。另一个重要的假设则是，这些人天生就具备能力与智慧，足以改变生活品质与自己的村庄。

计划团队为村民举办了一场场训练讨论会。意义非凡而且很独特的做法之一，就是让村民自由参加，并且任由每个人充分表达己见。几次讨论会过后，村民都认清了现状（这被他们称为"卡洪盖村（Kahunge）的现状"）。然后，他们开始反省，构思自己要的生活方式与房屋、家庭和村庄的样貌（这被他们称为"梦想或愿景"）。

接着他们分组合作，努力创造出大家想要的一切。把主要的焦点摆在大家想要的东西上面，而非他们不想要的。

所有人都聚焦在他们想要过的生活、达成目标所需的行动步骤上。例

第1部分　创造的要素

如：大家想要有干净的用水，就聚在一起，找出水源，加以保护，在一个过去8年内只建立了两个水源地的区域里一口气新增12个干净的水源。这是村民的成就，造福了数千人。整个村子都跳出了解决问题的既有局限，开始创造他们想要的愿景，例如有足够的食物、孩童身体健康、环境干净等等，此时当地的领导人物也跟着挺身而出。

勾勒愿景的人包括大卫·阿邦迪纳波先生（David Abundinabo）、玛格丽特·恩戴基女士（Margaret Ndezi）、彼得·卡瑞尤先生（Peter Kariyo）与大卫·瓦克沙先生（David Wakesa），他们把同村居民组织起来，付出心力，帮助推动村庄的计划。

尼亚卡哈玛村（Nyakahama）的年轻人在村里盖了一间学校，开了一条路；瑞文库巴村（Rwenkuba）的妇女不让须眉，清理了一片浓密的灌木丛，挖了一个可以养鱼的鱼池，一方面大家可以吃得比较好，另外也增加了家庭收入。

比格迪村（Bigldi）有个叫作阿莫斯·图瑞亚希凯尤（Amos Turyahikayo）的村民根据自己的观察来比较我们的计划和先前由外力强制推动的计划，他说："如今我们都看得非常清楚了，因为这是自己进行的发展计划，我们都乐在其中，喜欢手头的工作。"

卡洪盖村的费斯·廷达曼尼尔（Faith Tindamanyile）说："我们学到了关于农业、健康与营养的新知。但最重要的是，我们学会了应该生活在一起，排除彼此异见。"

当地的官员保罗·尼亚凯鲁（Paul Nyakairu）说："这个计划让我们认识了自己。我们有责任认真看待自己。"

这些例子足以印证，当人们看清自己，并且掌握自己的命运时，往往能够在开发工作上有一番作为。反观过去以解决问题的方式介入，则会让人们跟以往一样无助，造成依赖心态，人们聚在一起对抗共同敌人只能说是一种"权宜之计"。此时，动能是由情绪衍生出来的。人们常常是因为受到胁迫才参加计划，与人一起加入，或者屈从于命令。一旦计划的活动结束后，就会坐等下一个危机爆发。在这段时间里，一切都没有改变。

这一计划的成就是证明了人们可以齐心合作，共同生活与创造，不是听命于谁，而是为了实现未来愿景贡献一份心力。当人们建设好一间房舍、一条道路、一口水井或者一片新菜园时，他们会兴奋地接着进行下一个计划。今昔的对照是极具戏剧性的。

不管问题是什么，大致而言，任谁都无法彻底解决它。如果不知道该怎样创造出自己想要的东西，你总是会面临接踵而至的新问题。只有创造，你才不会遇到问题。

第四章 Creating

何谓创造

艺术家对创造历程的了解最深入，创造出来的成就也最高，因此，向他们学习创造历程是怎么一回事可说是明智之举。这种技巧与你在学校、家中、职场上所学到的都不一样，然而它却是你一辈子所学到的最重要的技巧……

贫民区的启示

最近我搭车从纽约的拉瓜迪亚机场到曼哈顿，出租车司机避开了交通拥塞的河东大道。他走的路线经过东哈林区，让我得以旧地重游。

从波士顿音乐学院取得硕士学位后，我曾迁居该地区。波士顿充满文化气息，相形之下东哈林区有如"文化沙漠"，天差地远。当年，对于我这个因为当地乐坛环境才搬到纽约的音乐家而言，最棒的地方莫过于第二与第三大道之间的东110街。

第四章　何谓创造

每个人天生都有选择性记忆的习惯。对于过去，我们往往大多记得那些美好的经验，而非痛苦的经验。所以，在我透过窗户仔细端详我的老地盘之际，过去住在贫民区的那些美好时光仿佛历历在目。突然间，涂鸦艺术这种特有的贫民区文化将我拉回了现实。

这种艺术形式已经发展了很多年，其起源是孩子们在墙上胡乱喷漆的破坏行径。我还住在东哈林区时，涂鸦还不是一种艺术形式，只是拿着喷漆罐的小鬼在墙上乱喷一气。他们大多在墙壁上喷出一些咒骂的字眼，借以宣泄积怨，喷出来的字母又大又潦草。偶尔也有小鬼为了耍浪漫而喷上一些伟大的爱情宣言，像是"荷西爱茱蒂"之类的。

经过多年的发展，那些字母的艺术气息越来越强烈，变成复杂的艺术创作品。年轻的涂鸦艺术家们互相较劲了起来，原创性与技巧才是他们的王道。年轻人把他们的勇气与精力发挥在涂鸦上面，而不是用于帮派争斗。他们的设计越来越大胆，颜色鲜艳、直接而且大多使用原色。

城市变成了他们的画布，涂鸦艺术家们在夜里出没，只要有一块平面就动手作画。不久，他们就把可以使用的墙面用完了，接着他们找到了能用来表现涂鸦艺术的完美象征：地铁车厢——他们已与社会划清界限，但地铁却是社会共有的财产，也是人们不可或缺的交通工具——看起来灰暗单调，破破烂烂，死气沉沉，而且僵化。

涂鸦艺术家常趁深夜闯入地铁调车场，在列车车厢上涂鸦。接下来，纽约地铁当局自然会让他们的作品在市区里巡回，供广大市民欣赏。在相互影响之下，他们的创作越来越好。地铁当局有所警觉，派持有武器的警卫巡逻地铁调车场四周。但是，此时，上流艺术界已经注意到涂鸦艺术了，艺术交易商开始找上贫民区的艺术家们。他们开始改在真正的画布上作画，一时之间蔚为风潮。

这批艺术家在艺廊里的成就并不持久，但他们持续作画，日益壮大，风格不断发展。新人辈出，让这种艺术不断往前推进。后来，东京市甚至邀请其中一位杰出涂鸦画家造访日本，为地铁车厢绘制许多长长的壁画。

多么棒的一个故事啊！简直像天方夜谭一般离奇。这些孩子们来自纽约的"文化沙漠"，没有受过什么教育，靠政府接济长大，如果25年前有人说他们不用靠暴力扬名立万，而是靠舞蹈（霹雳舞）和诗歌（饶舌歌曲），你也许会想要看看那个人的方糖里面是不是被加了迷幻药。

那天在东哈林区让我眼睛为之一亮，引发许多想法的，是一种新形式的涂鸦艺术。重点是有人开始用起了粉彩色。用色不再像几年前那样鲜艳、大胆、高调，如今变成柔和、清爽、细致，极具穿透力。

在城里某个残破的角落一定有一位年轻人正在思索色彩的问题。他用喹吖啶酮紫与天蓝色来做实验，把完全相反的颜色调制在一起，借此创造出空间感与立体感的幻觉。总之，这是一个让我对人类文明充满希望的现象。

我学到宝贵的一课，其中的重点是人类的精神。过去我们受到引导，以为生活环境总是会决定我们的自我表达能力，以为我们若是想要探索存在的新境界，就要先拥有一个舒适的环境。果真如此的话，出身卑微、身处逆境的贫民区居民怎么还能够表现出出色的创造力、原创性与活力？那种表现为什么不是出现在神圣的学术殿堂里——过去人类的崇高新思维不都是在学术殿堂里发展壮大的吗？也许人类的本色就是创造者，在任何环境下都能创造出新生活。

创造并非环境的产品

创造与顺应或反抗环境的行为截然不同。创造历程并非从你身处的环境中衍生出来，创造活动本身才是它的动力。

很多人都认为创造历程是从自然环境、文化环境或其他各类环境中孕育出来的，因此，创造力当然就是环境的产物。例证之一是几年前曾在企业界流行过的"改造环境"风潮——许多人认为此举有助于诱发创造力。但我们只了解一下创造活动的历史，就会发现人类可以在千百种环境中进行创造，

第四章 何谓创造

有的合宜便利，有的则是困难重重。当你开始考虑你想要在生活中创造什么的时候，你最好先了解一个道理：你所身处的现况并不足以决定你想要创造的那些成果。你只是受到现况局限而已——就算你看起来好像身陷其中，也不例外。

因为，创造这件事跟你过去习以为常的反抗—顺应取向截然不同，如果你还在思考你的生活会不会有所改变，那就太荒谬了。也许你对我的说法存疑，说这跟其他各种精神喊话没什么两样，我只是要激励你用一种新的方式去生活而已。又或者你认为只有艺术家才有创造的本领，创造历程这个概念仅仅适用于绘画、音乐、电影、诗歌或者其他艺术领域。艺术创作显然是创造历程的诸多例子中最为明显的一个，但并不是只有艺术才叫作创造。你在生活中所企盼的一切，几乎都可以成为创造历程的主题。我们没有必要刻意把艺术的创造历程跟人类的其他创造历程区别开来。

此外，如果你想学会创造的特殊能力与技巧，艺术可说是最完美的学习场地。

艺术家对创造历程的了解最深入，创造出来的成就也最高，因此，向他们学习创造历程是怎么一回事可说是明智之举。这种技巧与你在学校、在家中、在职场上所学到的都不一样，然而它却是你一辈子所学到的最重要的技巧。

帕布罗·卡萨尔斯（Pablo Casals）是 20 世纪最伟大的大提琴家之一，他对于创造的概念并不局限音乐创作：

我总认为手工劳动是具有创造性的，不但尊敬那些用双手工作的人，甚至总是赞叹不已。在我看来，他们的创造力并不亚于小提琴家或者画家。

还有心理学卡尔·罗杰斯（Carl Rogers）也曾写道：

根据我们的定义，不管是某个孩子与玩伴们一起发明新游戏，爱因斯坦提出相对论，家庭主妇调制出一种新的肉类蘸酱，还是年轻作者写出自己的第一本小说，其实都是具有创造性的，没有必要在这些活动之间区分创造性的高下。

有些人并未刻意去了解创造的技巧是怎么一回事,因此,常常认为创造历程是人类无意识或下意识的产物,甚至从神秘论的角度去做解释。于是,他们误把创造历程当成一种追求秘诀的过程,希望借此能开启潜藏的能力。他们认为,"正常情况下"的自己并未拥有那种能力,因此那种能力应该暗藏在某处。

我们以小飞象(Dumbo)的故事为例:一只老鼠说小飞象有一根"魔法"羽毛,让它相信自己会飞。小飞象试了一下,果真会飞。但是,有一天他把羽毛弄丢了,以为自己失去了飞翔的能力。老鼠坦承"魔法"羽毛的故事是骗它的,小飞象自己本来就会飞了。于是小飞象才发现自己没有那一根羽毛也能飞起来。

很多关于创造历程的理论都与小飞象的"魔法羽毛"相似。那些理论认为一个人有无创造力全靠神秘的法宝,有了法宝就能把潜藏身上的力量释放出来。

有些原始部落未曾与现代文明接触,因此从他们头顶凌空飞过的飞机就被赋予了神奇的含义。他们把飞机视为天神,或至少是天神的交通工具。

人们经常认为未知的事物怎样说也不可知,至少是不能用正常渠道去了解的。因为缺乏经验与无知,我们才会误以为创造历程应该是某种神奇活动的成果,原始部落也是缺乏经验与无知,才会错把飞机当上帝。但事实上,创造是一种可以透过学习与培养而获得的技能。就像任何技能一样,你必须靠实际演练与亲自动手才能习得。透过实际创造,你就能学会如何创造。

创造的五大步骤

创造历程的各个步骤易于描述,但它们并未构成一个可以套用的公式,每一步骤代表着某种类型的行动。创造历程的某些面向是主动的,有些则较为被动。每一个层面所需的技能也各自不同,也许你已经身怀某些技能,但会发现刚开始学习其他技能时就没那么简单了。每次你创造出一个新成果,那都是一个独一无二的创造活动。尽管你的技能将会随着经验累积而增强,每一个新的创造活动都是一个独立的创造历程。

我在本章勾勒出的是创造的基本步骤。在随后的章节中,我将会进一步阐述各个步骤,好让你开始试着把它们应用在生活中。请把下列步骤当成创造历程的概览,而不是一个可供套用的公式。

1. 把你希望创造出来的东西想清楚

创造者都是先从结果着手的。首先他们会先对自己想创造出来的东西有个概念。在你创造想要创造的东西以前,你必须知道自己追求的是什么。你的原创概念可能很清楚,也可能只是个模糊的构想。两者都有其效用。有些创造者喜欢即兴创造,所以从笼统的概念出发。画家可能连自己也不知道画作最后的模样,但只要有个概念就足以让他在创作历程中不断调整,让创作中的作品逐渐趋近自己的创作理念。也有些画家则是在提笔作画以前就已经知道成品会是什么模样。女画家乔治娅·奥基夫(Georgia O'Keeffe)说过:"只有在几乎完全清楚后,我才会动笔。否则只是浪费时间与颜料。"

光是知道自己想要什么,就是一种技能。我们的传统教育体系并不鼓励学生去了解自己想要什么。学校所教的只是从有限的人生选择中去挑选"正确的"顺应方式。这通常与我们自己想要的东西没什么关系。结果,多数人对于自己想要的东西抱持模棱两可的态度。这一点也不奇怪。因为,多数人的选择空间不大,这也难怪大家提不起劲。但是,在创造的过程中,先想清楚自己想要的东西,却是有意义而且有趣的一件事。

2. 掌握进度

绘画时当然要掌握画作的现况,这是一项重要的资讯。如果你不知道自己目前画了多少,就无法确定是否该在已经完成的部分上面多画几笔或者进行修改,借此完成自己想要的作品。

掌握进度又是另一种技能。也许这会让你误以为很简单，但我们大多习惯以偏见来观察现实状况。有些人将实况美化，有些人将它丑化，也有人选择报喜不报忧，或者报忧不报喜。创造者最重要的技能之一，就是对自己创造的东西保持客观的态度。许多大学的哲学系都流行这样一个观念：对现实保持绝对客观是不可能的。但同样在大学里，艺术系的老师却在教学生怎样把模特儿画成人物肖像。这种绘画技巧教学生首先学会观察，接着将观察的结果重现出来。尽管每个学生的画风可能各自不同，但哲学系的学生拿着肖像画一看，就能认出他们画的是谁。

在音乐学院，学生学到的是用耳朵来辨识节奏、和声与音程。这种技巧叫作"视听练耳"，这是一种学生可以用来正确地辨认事实，并且予以重现的技巧。当他们写下自己听见的音乐时，必须完全不涉及"诠释"。如果学生的答案是正确的，就能拿到 A 的成绩。答案错了，成绩就达不到 A 的水准。学音乐的学生都知道，音乐的感觉是很具体的。这又印证了我们可以透过训练来强化自己客观检视现实的能力。

你也必须培养出这种客观检视现实的能力，方式非常相似。许多人认为"现实"苦涩难尝，总要到事后才知其甜美。乍看之下，他们觉得现实令人如此不安，感到困扰。如果他们处于解决问题的模式，一定会采取行动，让自己恢复平静与舒适的感觉，其中最常见的做法就是曲解现实。他们也许会说谎，找合理化借口，或者让自己分心，不理会当下的事情。但如果你学会如何掌控自己的创造历程，你就会培养出一种正视现实的能力。不管情况是好是坏或不好不坏，你仍然会想知道实际上的状况为何。

3. 采取行动

一旦你知道自己想要什么、目前拥有什么，下一步就是采取行动了。但是要采取什么行动呢？创造就是创新，有异于守旧。教育向来强调守住旧传统，所以一般学生的创新经验有限。创新也是一种可以培养出来的技能。你以实现创造理念为目标来采取行动，但行动可能成功，也可能失败。当行动奏效了，你可以继续同样的行动，或者喊停。但继续有时候会有功效，有时不会。借由观察当下成效的改变，你可以知道接下来要怎么做。这一切行动，不管有效的或没效的，都有助于创造出最后的成果。理由在于，创造本身就是个学习的历程：学习哪些行动有效，哪些没效。创造者所拥有的本领，就是试验以及评估试验结果的能力。

创新并不全然是一种借由犯错来尝试的过程。当你采取新的行动，设法实现创造理念，你也等于是在培养自己的某种直觉，借此判断哪些行动会有效。创造者因而有能力建立起一种"方式精简即是美"的原则。这通常要一段时日才有办法做到，而且你的创造经验越丰富，培养出那种直觉的可能性也就越高。

有些行动能够帮你直接达成目标，但大多数不会。唯有当你能够调整或修正你目前的行为，你才算是对"创造的艺术"有所了悟。我们常被谆谆告诫，说最好"第一次就达成"，或者更糟糕的是要求我们必须做到"尽善尽美"。这种态度有可能导致你根本不懂得什么叫作修正调整。为了实现你的创造理念，当情况不妙时，你该做的也许是见风转舵，而不是坚持到最后。

偶尔，有些人鼓励其他人"撑下去"，养成"决心与毅力"，借此避免习惯性的放弃，但是这种策略几乎不曾奏效。因为修正行动的能力并未持续强化，光是试着"撑下去"，充其量就像是拿头去撞墙。当你满腔热血地一再"撑下去"，但又一再失败，你眼前的最小阻力之路就只有放弃一途了。也许你以为放弃的习惯是一种严重的性格缺陷，但实际上可能不是那样。能让你的创造历程继续下去的，不是毅力、意志力或决心，而是边做边学。

4. 遵循创造历程的节奏

创造历程有三个不同的阶段：萌芽、同化、完成。每一阶段都各有其独特的能量与不同类型的行动。

萌芽始于一种兴奋感与新奇感。萌芽阶段的部分能量来自非比寻常的新活动。

同化是三者中最不显眼的阶段。此时，刚开始的那一股"兴奋感"消失了，你的焦点从内在行动转移到外在行动上。在这一阶段，你已经接受了自己的创造理念，将其内化。因此，一股能量骤生，让你用于你的试验与学习。萌芽之初那种戏剧性的感觉不再，但这一股新生的同化力量却能静悄悄地帮你塑造成果。

完成是创造的第三阶段。此阶段的力量类似于萌芽期，但此时的力量是运用在越来越具体可见的创作活动上的。这一能量不但可用于完成你正在创造的成果，更可让你预先准备好下一个创造历程。

5. 累积创造动能

如今，许多关于创造力的理论似乎都有一种论调可称为"新手的运气"。但是对于专业的创作人员而言，他们强调的则是不断增加的动能。创造历程能帮你创造出自己想要的东西，它是一种可靠的方法，而且这方法本身就蕴含着发展性。

你觉得哪一种人的成功概率较高？是老鸟，还是新手？的确，许多小说家的处女作都是经典之作。但这是例外，并非常规。即使历史上天赋最高的作曲家莫扎特，其音乐创作也是经过一番发展才越来越好。他三十几岁时的作品就比二十几岁时与青少年时期的作品更为优越。随着创作的乐曲越多，他也变得越能写。经验的累积让他拥有了创造历程中常见的动能。

如果今天你就开始创造你想要的东西，十年后你想创造自己想要的东西时，就有更充分的准备了。每一次新的创造活动都会让你累积关于创造历程的经验与知识。如此一来，你当然更有能力构思自己想要什么，也更有能力实现自己想要的成果。

第五章
The Orientation of the creative
创造的取向

在创造取向中,你能自问的最有力的问题就是:"我想要什么?"无论何时何地,不管你身处的环境为何,你总是可以自问此问题。当你自问"我想要什么?"时,问的其实是成果。也许你应该用一个更精确的方式来问问题……

创造过程的结构

若把反抗或顺应环境还有创造历程都视为结构,这两种结构截然不同:前者持续来回摆荡,后者则是坚定不移。

就像我们在前面提到的反抗—顺应取向,创造也是一种取向。具有反抗—顺应取向的人偶尔也会进行创造活动;而具有创造取向的人,偶尔也会反抗或顺应环境。

你到底属于哪一种取向,应视你在哪一种行为上花最多时间。许多人的生活方式往往受到他们的生活环境牵制,但对于其他人来讲，大部分的生活都取决于他们想要创造出什么东西。

这两种取向的差异很大。第一种取向让人受制于反复无常的环境，第二种则是让你自己成为主导生活的创造力，而且在创造历程中，环境只是一种能够为你所用的力量而已。

若想从反抗—顺应取向转变到创造取向，过程既简单，又复杂。想生活在创造的领域里并不困难，但实在是一个非比寻常的领域，这让许多人认为难以把过去学到的东西抛诸脑后。

创造历程的经验有助于促成此转变，但那不是一个逐渐觉悟的过程。

如果你还是受制于反抗—顺应取向，似乎很难达成转变。但如果你进入了创造取向，自己马上就会清楚地察觉到。

何谓创造取向

创造者的人生经验的确很特殊。很难向那些置身反抗—顺应取向的人描绘那种经验的样貌。两种取向不但对于同一件事的理解方式有所差异，而且在两种取向之下，生命的可能性与真实面貌也截然不同。若你并非置身于创造取向中，有时候你可能会误以为它是一个不同的脉络。但实际上，它根本就是另一个宇宙。

置身反抗—顺应取向的人像是生活在迷宫中，环境就是四周的高墙。他们的人生就是不断在迷宫中穿梭。有些人为了求取安全感而不断走同一条路线，也有人每当碰到一条新的死胡同，总是感到极为诧异。无论是哪一种人，他们的生活充满局限，通常只能"两害相权取其轻"而已。

当你进入创造取向之后，你的生活常常充满趣味、刺激与特色。这不是因为创造者不管做什么事都试着用有趣的方式去做，而是因为他们置身于一个总是充满新颖可能性的生活层次上，常能见识到过去未出现过的美好事物。

然而，创造取向并不是一种永远充满欢欣的状态。创造者在享受希望、愉悦、狂喜、欢乐与洋洋得意等经验之余，当然也会遭遇挫折、痛苦、悲伤、忧郁、无望与疲倦。

置身反抗—顺应取向的人通常都会避免极度负面与极度正面的情绪，但讽刺的是，他们却常常让情绪左右自己的生活，把情绪当成是否该反抗或者顺应环境的指标。因此，他们常常怀抱一种没有根据的希望，认为一定会出现新环境，让他们"免于"冲突的侵扰。毕竟，如果有些环境会让他们感到悲伤，当然也会有某些环境让他们感到快乐。如果你把这种观念当真，你人生的所作所为就只是不断地在寻找"适宜的"环境："适宜的"工作、"适宜的"恋爱对象、"适宜的"经济状况、"适宜的"居住地区、"适宜的"生活方式或信仰、"适宜的"生活目标、"适宜的"朋友，还有"适宜的"机会。

创造者深知情绪不一定能够反映出环境的好坏对错。他们知道，即使是在绝望的环境中，他们还是可能感受到愉悦，而即使是在欢喜雀跃的时候，也许还是会感到懊悔。他们有足够的智慧能了解情绪总是有好有坏，他们知道任何情绪都是会改变的。但是，因为情绪不会左右他们的生活，他们不需要随情绪起舞。他们创造自己想要创造的，创造时不用看情绪的脸色，而是完全独立于情绪。在深陷绝望时，他们能创作；当满怀喜悦时，他们还是能创作。

创造的精神

置身反抗—顺应取向的人常常会建议彼此，提醒对方要做出"适宜的"顺应行为。如果你看来太严肃，就会有人叫你"放轻松点"；如果你老是循规蹈矩，就会有人叫你"大胆冒险"；如果你似乎害怕未知的情况，就会有人叫你"鼓起勇气"；如果你看来不太热衷，就会有人说，你该逼自己"投入其中"；如果你感到绝望，就会有人要你告诉自己："没有什么是你办不到的！"

第 1 部分　创造的要素

创造者背后的驱动力又是什么呢？是一股想让创造作品问世的强烈欲望。创造者创造的目的是想要让创造理念变成真实的存在物。置身反抗—顺应取向的人常常无法理解这种"为创造而创造"的情操。他们不在乎世人的赞赏，不在乎"投资的回报"，不在乎评语，只是为了想创造而去创造。

诗人罗伯特·弗罗斯特（Robert Frost）的一句话最能诠释创作取向的这种精神："所有成就伟大事物的人，都是为了那些事物本身而放手去做的。"

跟我一样有子女的人可能已经了解这个道理了。我们爱自己的小孩，就是爱他们自身，不是因为他们是我们自己的生命之延续，或者他们可以证明我们是好爸妈，甚至把他们当成同伴。孩子有自己的人生，他们是独立的生命个体。爸妈疼爱小孩，爱到把他们生下来后持续养育到他们长大成人。

这与创造者的经验类似。作品就像他们的小孩。他们让作品诞生，并且存活下来。他们并未把作品当成他们自身的延续。他们与他们的作品不一样。尽管作品是他们想象并且创造出来的，但与他们自身是不同的个体。

如果你能够把自己跟作品分开来，你就体悟了一个关于创造力的深刻道理：爱。你之所以愿意把某个东西创作出来，是因为你爱它，乐见它的存在。这听起来像是陈腔滥调，但实际上并非如此，因为爱是真实的。也许某些讨论会上曾有人要你"无条件地爱自己所做出来的东西"——但我的观念不一样。我只是想说，你何苦把自己不爱的东西创造出来，看着它存在呢？

就读波士顿音乐学院本科时，我参加了"纽曼主教俱乐部"。我并未信奉天主教，但非常喜欢那位带我们进行讨论的神父。在学生时代，我对自己的无神论感到自豪，所以我参加的动机其实是我想与人争辩上帝存在的问题。那位神父精通圣托马斯·阿奎那（Saint Thomas Aquinas）的作品，对"不动的推动者"这个概念进行了精彩的辩护。但某天他说了一句我认为在

第五章　创造的取向

逻辑上有所跳跃的话，他说："上帝创造这个世界都是因为爱"。

"等一下，"我打断他，"这一点你是怎么推断出来的？"

他始终无法自圆其说，二十分钟后终于表示："我的根据是信仰。"

我觉得这个答案不够好。如果未经充分的论证，信仰充其量只是借口而已。但无论如何，多年来我始终铭记着"上帝创造这个世界都是因为爱"这个观念。

后来有一天，当我在作曲时，突然理解了神父所说的是怎么一回事。我会把那一首曲子创作出来，是因为我深爱它，乐于看它问世。而且我也能想象，身为"至高的创造者"，上帝创造出这个世界的唯一理由就是爱。

如果我那一位神父朋友对创造历程有更深入的了解，应该就能轻松地与我分享他那充满深意的观点。当时，我是一个在音乐学院就读的乐曲创作者，早已开始了我的创造历程。如果他能问我一个简单的问题："那你又为什么作曲？"我应该就会接受他的观点。我的神父朋友先前所学到的，是"适宜地"顺应他的生活环境。对他来讲，关于宗教信仰的教条就是他"适宜地"顺应生活的方式，而这道理他是从神学教育中习得的，而非出于真实经验的领悟。

我认为他一点错也没有。他既无创造的经验，也没有生活在创造取向中，只是在他自己的取向中尽力而为。直到有所领悟以前，我始终记得他的话，对此我满怀感激。

与大家分享这个故事的原因，不是为了宣扬任何宗教教义或灵性理念，而是因为它能完美地传达一个信息：若从反抗—顺应取向的角度出发，就无法解释创造取向是怎么一回事。

事实上，不论是哪一种宗教、哲学、灵性或政治信仰的背景，任何人都可以学会如何掌控创造历程。创造取向是属于所有人的，不局限于任何一种特定信条、国籍、种族、宗教、政治倾向或其余各种能用来定义人们的东西。

大多数人跟你我一样，都是在反抗—顺应取向中被抚养长大的，所以欠缺那种纯粹是为了爱而进行的创造经验。大多数人一生主要都不是在做自己喜爱的事，他们认为做自己想做的事是一种奢侈，不是一般的生活方式。他们通常把消遣之事与喜爱之事混为一谈，嗜好、娱乐与度假都是消遣之事。没错，你的确是喜爱你的嗜好，但你能够将一辈子都投注在嗜好上吗？还是嗜好只是让你在做不喜欢的事情之余喘口气？实在有太多人一辈子都只是做一些令他们不悦的必要之事，尽管身体得以获得温饱，但精神却无法获得满足。

许多人因为不爱任何东西而变得多少有点愤世嫉俗，但这并不意味着他们没有爱的能力，他们只是没有创造的经验而已。只要他们想要关爱某种事物，就有人要他们打消念头。他们培养出一种避免成为"笨蛋"的态度，至死不改。他们不相信那些深爱某种人生的人，因为在他们的经验里，那种生活方式是超乎想象的。他们无法用毕生的精神投入任何事物，因为他们看不出有什么事物如此重要。

他们的人生可能"了无生趣"，日子一样可以过下去，但他们的人生就像弗罗斯特在诗作《雇工之死》（*The Death of the Hired Man*）里面所说的："回首前尘，无所自豪，展望未来，没有冀望／现在与过去，了无区别。"如果你建议这种人去寻找值得喜爱的事物，他们无法照做。所以我说，只有当你开始为创造而创造时，你才会了解何谓创造取向。不是为了耍诈，不是为了做出适当的回应，也不是为了某种外在动机。一切都只是因为你深爱着自己创造的东西。

创造与责任无关

在创造取向中，你不是因为责任而创造，只是因为你深爱自己创造的东西。艺术家对此都有真切的体悟，因为他们不是出于需要才创造的。

事实上，我们需要的不多。只要能够温饱，有水可以喝，就足以撑很多年了。

然而，在反抗—顺应取向中，环境似乎会要求你采取行动。你想要满

第五章 创造的取向

足这些要求，也许会把这种想法当成一种需求。

人们常把他们"想要"的东西诠释成他们认为自己"需要"的。这样诠释的目的之一，在于把他们想要的东西合理化。如果能让想要的看起来像是需要的，他们认为自己别无选择，只能设法满足自己的需求。

当他们把"想要的"换成了"需要的"这三个字，就永远无法确认自己是不是真正想要了。如果你让自己想要的东西看来像是你"需要"的东西，你怎么确定什么是你深爱的，爱到愿意把它创造出来？

毕竟，这种思维方式等于是一种自我催眠。置身于反抗—顺应取向中的人无法接受自己把时间花在喜爱的东西上面，因为他们喜爱的东西与环境并无密切联系。

这种人不会做自己想做的事，因为他们常常怀疑那是自私的。这种怀疑心态源自自我了解不足。他们也可能会认为，自己做的每一件事都是为了抑制私心。他们常常有一种幻觉，认为去做他们想做的事，就是行为不当。他们误以为，如果不想因为自私自利而显得过于嚣张，毁了自己，那就一定要升华到利他的境界。当他们心存这些假设时，那种迷思自然就会根深蒂固了：他们所做的一切都不是出于自由选择，而是为了"满足"调解冲突的需求。

特蕾莎修女（Mother Theresa）可不是因为觉得有需要，才去做那些她做的事。她所做的一切，都是出于我所描绘的那种爱。如果她只是想要让她服务的那些人脱离苦海，她一定会力不从心。她知道人类原本就兼有为善与为恶的本性。因为深谙此道理，她才有办法刻意选择为善。不是因为肩负责任，而是因为她喜爱为善。

过去 15 年来，我一直在传授有关创造历程的道理，期间我学到的最重要的一课，就是人性的真实面貌。当人们能够找到自身真正的力量（创造自己想要的东西的力量），总是会做出人性中最高层次的选择。人们会选择健康、很棒的人际关系、爱情、重要的生活目标、平静的人生、值得付出心力的挑战。后来我发现，人性是崇高而善良的。但是，你也许会问我：

人性中那些毁灭倾向呢？那些战争、不人道的现象、没必要的残酷行径，又是怎么一回事？

那些只会进行破坏的人就是没有找到自己的创造力。而且，历史上很多人之所以做出那些邪恶的行径，都是因为他们没有能力去创造。那些人不是因为有能力才会争权夺利，他们是因为无能才把别人玩弄于股掌之间，或是施行恐怖主义、军国主义，渴求权力。

如果你没有能力创造出你想创造的东西，你也许就会觉得你想要的东西不重要。毕竟，如果得不到想要的，多想何益？

"创造技术"课程的学员学会的一项重要技巧，是如何构思出他们想要的东西。一开始，他们也许不知道自己想要什么，但等到他们开始思考，他们已经为新的经验打下了基础。起初他们也许无法明确说出自己要什么。如果他们能够透过实践来选择，那么想要的东西就会越来越明确。

通常，如果他们能学会创造历程的运作方式，就能够创造出自己想要的成果，然后他们就能找出自己在未来想要创造什么。直接参与创造经验后，学员们就知道自己想要的东西不是任意随机的。身为创造者，那是他们最重要的生活要素之一。

我们偶尔会拿"创造技术"课程在中学进行实验，我们要学生们把他们想要的东西列出来。通常他们想要的东西都是毕业后找到工作、谈恋爱、买吉他、买汽车，甚或取得更好的成绩，改善与爸妈和老师的关系。

在上课之前，爸妈与老师已经把学生们教得不能创造他们想要的东西。根据他们常有的生活经验，他们是不能进行创造的。如果我们一进教室就试着跟他们说，他们可以创造人生中想要的东西，他们一定会迫不及待地证明我们大错特错。就算我们说得天花乱坠，也没办法改变他们的态度与观念。

他们的观念是有充分根据的。如果他们未曾创造真正想要的东西，凭什么要他们相信自己办得到？此外，生活中他们也没有看到很多大人做到这件事。通常他们遇到的大人，都是那种一听到有人抱怨，就会进行精神喊话的人。

到"创造技术"课程结束时,学生们都已经知道他们有能力创造自己想要的东西,因为他们的确做到了。绝对没有人蒙骗他们,他们有能力得出自己的结论:

"你得到工作了吗?"

"得到了。"

"你改善人际关系了吗?"

"改善了。"

"你有车了吗?"

"有了。"

"你的成绩变好了吗?"

"变好了。"

有了这种经验之后,这些学生会有两项重大发现:一是他们可以创造出自己选择的东西,二是他们想要的东西并非不重要。

如果他们一开始想要达成的目标不是人类历史上最伟大的成就之一,那又怎么样?他们创造的东西对自己很重要——因为他们深爱那些东西,才会把它们创造出来。

创造经验改变了这些学生的人生。就算从世俗的标准来看,他们所创造出来的成果根本微不足道,但真正重要的是他们的确参与了创造历程,也发挥了创造力。

这些年轻人不再因为不懂事而妥协放弃、浪费生命。事实上,此时他们才更能发挥出自己的利他主义精神。不是因为他们觉得对这个世界有责任,而是出于真心诚意——纯粹出于对于某些事物的热爱。

创造是一种全新的表现

不管是电话、电视机,还是太阳能板或航天飞机等东西,都是曾经不

第 1 部分　创造的要素

存在甚至也没有人想过会出现的东西。

摇滚乐、无调性音乐甚或古典乐等也一样，它们曾经不存在过，也没有人认为它们会出现。

两百年前，社会学、人类学、生物化学、古生物学和核物理学等学科都尚未问世。如今，它们都存在于世间。

十年来，科技革命大幅改变了世界的风貌，这在 20 年以前是任谁都难以想象的。

当作曲家在创作时，他们都是从一张空白的音乐草稿纸开始着手的。画家作画时，他们所面对的是空荡荡的画布。有时候我们实在难以想象某些过去不存在的东西真的会被创造出来。

我常听到有人说"太阳底下没有新鲜事"或者"如今所有被创造出来的东西其实都曾被创造出来过"。此时我通常会问他们，在贝多芬写出作品 133 号《大赋格曲》(*Grosse Fugue*) 之前，有人写过吗？

那首曲子是贝多芬为某个弦乐四重奏乐团特别谱写的，他们说未曾看过那种作品。事实上，他们甚至说那是难以演奏也无法入耳的作品，因为曲子里有各种"无规则的不和谐音"，还有极端的声部交错。所以，贝多芬把作品收回来，用比较温和的作品提供给那个乐团。

当那些音乐家们一开始看到《大赋格曲》的时候，他们认为年纪变大的贝多芬已不如以往稳定，但他自己却从不同的角度来看那一部作品。他说：

"我是为未来的人写的。"如今，大部分的弦乐四重奏乐团都把《大赋格曲》列为标准曲目。

艺术家与科学家进行创新的范例俯拾皆是，他们都创造出了过去未曾被创造的作品。

然而，仍有许多人认为太阳底下真的没有新鲜事。小说家 D. H. 劳伦斯 (D. H. Lawrence) 也是这么想的——直到 40 岁才发现自己大错特错：

第五章　创造的取向

我记得我曾经说过，甚或写过：能够入画的东西可能都已经入画了，能够使用的笔法也可能都已经有人在画布上用过了。视觉艺术走入了死胡同。然后，突然间，我自己从40岁开始画画，而且入迷不已。

我发现，只要有一块画布，我就能自己画出一幅画。重点是，在空白画布上作画。而且我一直到了40岁才有勇气开始尝试，接下来我就开始恣意画画了。

在创造取向中，劳伦斯所描述的这种情况是很常见的，原本看来死气沉沉的东西突然变得生气勃勃。

创造历程的秘密

刚开始进入创作取向的人常犯的错，就是想把他们想要的东西"发掘出来"，好像有个深藏某处的宝藏有待他们发现与揭露。

但是他们把方向搞错了。创造自己想要的东西并不是一个启发的过程，你想要的东西也不是该由你去发掘出来的东西。

如果不是借由启发或发现，那么当你自问"我要的是什么？"之际，你该怎样得到答案，知道那到底是"什么"呢？

任何主动参与创造的人，不管是透过推想，还是只凭直觉，都应该知道答案为何。

在所有创造活动中，答案四处可见，你可以创造自己想要的生活方式，甚至也可以设计最新的电脑科技。

不幸的是，我们的教育传统向来倾向于轻视这种答案的力量与意义。然而，一旦你开始采用这种答案，你就会获得新的创造力与弹性。那么，你该怎样创造出"我要的是什么？"里面的"什么"呢？

成果是"从无到有"编造出来的！

请别把重点搞错了，这的确是关于创造取向本质的一个重要洞见。如果不是因为需要，不是因为环境的要求，不是因为某种启发，那么你到底要怎样想出你要的东西呢？创造的成果都是"从无到有"编造出来的。

多年前，我到一个高科技公司去做工程师群组的咨询工作。当我跟工程师们提到这个关于创造历程的洞见时，他们用一种心有戚戚焉的表情咧嘴微笑，彼此看一眼。然后一个个工程师都跟我说："这就是我们的做法。我们创造的东西都是从无到有编造出来的。"其中一人补充了一句："但是我们必须写技术性的文章来解释我们是怎样编造出来的，同时又不能让人家觉得我们是编造的！"

创造靠编造

进行创造的人都知道，他们创造的东西都是从无到有编造出来的，但是我们这个社会对于"编造"这种行为怀有偏见。理由之一在于，因为我们的社会大致上是以反抗—顺应取向为基础的，所以并不常见"编造"这种行为。因为在反抗—顺应取向中，事事都讲求合理性与根据，因此当你说"那是我从无到有编造出来的"时，你几乎就会被当成异类。

当进行创造的人接受媒体采访时，他们几乎总是会被问到当初的构想是打哪里来的。通常来讲，他们都试着解释说"只是从无到有编造出来的"，但访问者往往仍不满意，于是他们就会编出一个故事，说明他们的"做法"。

尽管我们常常聚焦在创造的过程中，但重点是我们必须承认，无论这些关于创造的故事是怎么说的，创造者都是在编造的那个当下把想要创造的东西构思出来的。作曲家阿诺尔德·勋伯格（Arnold Schoenberg）曾被问及是否曾听过他的乐曲被人完美地演奏出来，他回答说："有，就在我想出来的那时候。"

好莱坞电影就常常上演创造者怎样"编造"出创造物的过程，这也许会让我们留下一个错误的印象。电影总是会把事实戏剧化，电影的背景音

第五章　创造的取向

乐里有高调的声音、颤音与提琴的近琴桥奏，这一切符号都意味着有一件神秘的事要发生了。主角不管是米基·鲁尼（Mickey Rooney）年轻时饰演的年轻爱迪生，或是斯宾塞·屈赛（Spencer Tracy）中年时所扮演的老年爱迪生，都面临着内心交战。

随着张力逐渐升高，摄影机镜头给出脸部特写，主角一动也不动，只是用力思考着。接着，啊哈！灵感如泉涌。突然间主角又开始动了起来，音乐充满活力。观众享受到目击者的特权，在戏剧张力达到顶点时，看见那令人赞叹的一刻。喔，如果真实人生能像电影演出的那样就好了！特别是像20世纪40年代的那些黑白电影。

在真实生活中，所谓从无到有的编造通常没有那么戏剧化。许多最为激励人心的发明，发明过程其实都不像电影那样夸张、戏剧化，甚至连灵感都没有（更别说背景音乐了）。戏剧化是例外的，并非通则。

就连几部关于爱迪生的传记电影，编剧们也都是一边吃腌牛肉三明治一边喝可口可乐想出来的。他们所编造的是一个他们不曾置身其中的幻想世界。创造历程有许多不同面貌。某些最棒的创造来自最为平凡无奇的经验，最糟的创造却可能是所谓"神圣灵感"的产物。创造者在创造历程中的经验与最后成就的价值似乎是没有关系的。

聚焦在成果上

在创造取向中，你能自问的最有力的问题就是："我想要什么？"无论何时何地，不管你身处的环境为何，你总是可以自问此问题。

当你自问"我想要什么"时，问的其实是成果。也许你应该用一个更精确的方式来问问题："我想要创造出什么成果？"

如果你问的是"我要怎样得到我想要的"，你问的其实是过程，而非成果。如果这是你第一个自问的问题，那就有所局限了。如果你还没有自问"我想要创造出什么成果"就先自问"我要怎样得到我想要的"，你就会被

第 1 部分　创造的要素

局限在那些你已经知道怎么做，或者想得出怎么做的过程中。

爱迪生在 1878 年决定要创造电灯，当时世人早就知道电能够制造出光亮。爱迪生的艰难任务是找出一种不会燃烧殆尽的材料。他开始阅读这方面的所有文献，据说为此他写了两百本字迹与图画潦草的笔记本。

在他之前，所有科学家都遵循一个程序：他们从那些会减少电流阻力的东西里面去寻找，但却找不到任何可以当灯泡材料的东西。爱迪生并未遵循同样的程序，不想受到局限，得到他已经知道的结果，因此他反其道而行：他从那些会增加电流阻力的东西里去找。经过无数次实验后，他选出一种碳化的物质，把它放在真空的灯泡里，因此创造出大家所熟知的白炽灯泡。

因为持续把焦点摆在他想创造的东西上面（他想创造电灯泡），爱迪生才有办法聚焦在创造程序上，以致结果成功。

法兰克·洛伊·莱特是"有机建筑"的创建者。在设计房屋时，莱特首先会想出他打算创造的成品：让人有生活感的室内空间。

对他来讲，房屋不只是一个个盒中盒，房间全都封死，房间与房间之间只由墙板上的门，还有黑暗的走廊连接在一起，而应该是一个全部都可以用来生活的整体空间。

因为莱特把生活空间当成他想要的成果那样关注着，他才开创出设计上的全新可能性。这是他大部分建筑师同僚们未曾想过的——他们还是用传统的方式设计房屋，把一个个盒子拿来重组。

莱特的创举是让厨房第一次变成房屋里的亮点；居家空间与餐厅是融合在一起的；整个室内空间都变成生活空间；透过阳台与窗户的设计，让室内室外的流动能够连成一气，室外往室内延伸，室内也往室外延伸。他的落地窗让阳光洒满室内，缓坡式的屋顶，再加上宽阔的屋顶悬垂，营造出宽阔的空间感，与自然形成有机的互动。

莱特持续聚焦在他想要创造的成果上面，以演进的方式发展出各种获得成果的"方式"。他并未把他的概念或程序局限在标准的步骤上。因为他知道自己想要什么成果，他可以发明出非比寻常、与同一时代建筑师不一样的程序。

如果你在自问"想要什么"之前就先问了"怎样得到"这个问题，你能够做到的，就只是创造出与既有成果有点不一样的东西。

对于聚焦在自己想要的成果上，艺术家都有非常清楚的认知。格特鲁德·斯坦（Gertrude Stein）某次曾跟一群青年作家们说："你必须知道自己想要什么东西，当你知道之后，就让那东西带领着你。如果它要带你离开常轨，别抗拒，因为你的本能也许就是要带你往那里走。如果你抗拒了，只想去那些你去过的地方，你就会开始觉得枯燥乏味。"

当你首先想到的是程序，程序本身就会局限你能够采取的行动，因此限制了你在创造上的可能性。

艺术家查克·克洛斯（Chuck Close）曾说："把同样的食谱拿给十个厨师，有些人能做出栩栩如生的东西，有些人只能做出平淡的舒芙蕾。有系统并不是成功结果的保证。"

毕加索（Pablo Picasso）成为成熟艺术家之后，有次跟一群年轻画家谈话，鼓励他们构思出新的画作，不要遵循过去的画法：

> 今天的年轻画家里只有少数几个例外能为绘画开创新视野，其余都不知道自己该往哪里走。年轻画家并未好好研究我们的作品，借此进行激烈反抗，他们所做的是试着将过去的传统活化。然而，我们眼前的世界是如此开阔，还有那么多事可以做，绝对不会有重复的。为什么要死守在已经完满完成的东西上面？今日的画作何其多，但很少看到年轻人能走出自己的路。

时机尚未成熟的创造历程

若时机尚未成熟，你就聚焦在创造历程上，成效就会受限，甚至失败。当学生时，教育体系并未聚焦在我们人生中想要些什么上。它所提倡的理念是，我们应该学习的是过程。我们该学习如何做数学题目，如何按照文法造句。我们该学会如何写研究论文,在实验室里做生物学实验。我们该学会如何画画,如何公开演说,如何阅读乐谱,甚或写一两首诗。你该学会如何操作电脑,在工艺课学会一些手工艺,还有在家政课学会一些家事技巧。

这种教育的假设是,一旦你熟悉这些过程,自然就能达到你想要的人生目标。可是,很少有教育家问同学们:"你在人生中想要的是什么?"

的确,十岁或十二岁以下的孩童总是被问这个问题:"长大后你想做什么?"但是孩子们的答案通常不会被当真,除非他们刚好选择走爸妈走过的路。同样,到了青少年时期我们还是常被问到:"毕业后你想做什么?"

通常来讲,尽管年轻人会被问到这种问题,但在学校时他们并没有创造历程的经验。从他们的观点看来,人生要做的事就是从大人所给的无聊选项里去做选择。

我认识几位波士顿管弦乐团的团员,他们其实觉得当乐团团员很烦,但他们的全部生活却因为过去所投注的心力而必须绕着那些事情打转。有个很厉害的音乐家跟我说:"我不喜欢当交响乐团的乐手,但这是我唯一会做的事情。"

创造历程的成形犹如水到渠成

在创造取向中,当你回答"我想要创造什么东西"这个问题时,你还不知道自己是不是办得到。然而,从世界史的许多案例看来,总是有人构思出似乎不可能达到的成就,而且最后还是被他们创造出来了。

在麻醉药发明之前,医生们坚信无痛手术是不可能的。阿尔弗雷德·卫乐波医生(Dr. Alfred Velpeau)曾于 1839 年说:"想在外科手术中免除病人的痛苦是个不切实际的幻想。若要持续追求那目标,实在太荒谬了。动刀时,'手术刀'与'疼痛'永远都会是密切关联的两个词。为了适应这种不得不面对的关联,我们必须好好调整自己。"

在飞机发明之前,许多科学家深信飞行是不可能的。知名天文学家西蒙·纽康（Simon Newcomb）就曾表示过他已经在逻辑上证明飞行不可能，他写道："就目前已知的材料、机械以及各种形式的动力来看，绝对无法组成一个实用的机器，可以让人类在空中长距离飞行。在我看来，此事实与其他物理现象一样都已被证明无误。"讽刺的是，纽康是在1903年发表这段声明的，但不久后莱特兄弟（Wright brothers）就于同年在小鹰镇开启了人类的飞行壮举。

也有许多科学家深信原子是不可能分裂的，因此不可能制造出原子弹。海军上将威廉·李海（William D. Leahy）曾于1945年评论美国的原子弹计划，他向杜鲁门总统表示："这是我们做过的最愚蠢的一件事。"他说："我以爆破专家的身份断言，那个炸弹是绝不会爆炸的。"

拿破仑坚信蒸汽机的构想宛如天马行空，并且把这样的看法斩钉截铁地告诉蒸汽机船的发明人。"先生，你说什么！"拿破仑对罗伯特·富尔敦（Robert Fulton）大声说，"你要在甲板下生起一团火，让船只能够逆风航行？对不起，我可没有时间听你胡说！"

但是，一旦某个愿景变得清晰不已，自然而然就会形成某个历程，像水到渠成一样，把愿景实现。这意味着，在创造取向中，创造历程是在创造时慢慢形成的。

何谓公式？

生活中常见的一个经验法则是，我们试图找出所有事物背后运作的公式。如此一来，掌握公式后，我们就永远都知道该怎么做了。从反抗─顺应取向的角度看来，这个观点深具吸引力，因为就理论而言，一旦掌握了公式，我们就可以适当地顺应任何情况。不幸的是，公式最多也只能让我们应付可预测与熟悉的情况。熟悉那些状况的你其实跟熟悉迷宫路线的老鼠没两样。

第 1 部分　创造的要素

反之，从创造取向的角度看来，有关创造历程的唯一经验法则就是：没有任何经验法则可循。

成果才是目的，因此它永远比创造历程重要。而且，为了达成某个新的成果，我们可能需要完全不同的原创历程，因此若把自己局限在既有的创造历程里面，等于是扼杀了创造的自发性。

画家杰克·比尔（Jack Beal）的看法就是这样，他说：

我向来刻意试着忽略色彩的问题……，我向来试着以直觉来处理色彩……我也试着不去了解什么是暖色系与冷色系，或者什么是基本色……我的确知道某些关于色彩的原则，因为我就是顺其自然地学到了，但我一直试着让用色保持自发性，尽可能配合绘画主题。

20 世纪的艺术史中，有许多艺术家都大幅改变以前所用过的创造模式。有些人因为采用特定的创造历程而吸引了不少"追随者"，后来却又因为采用了另一种完全不同的创造历程，导致那些"信徒"感到震惊不已。

阿尔德·勋伯格和伊格·斯特拉文斯基（Igor Stravinsky）是 20 世纪初最具影响力的两位音乐家。勋伯格是无调性音乐的创始者。斯特拉文斯基则是创作调性音乐，向来被视为是新古典乐派的一分子。

这两位乐坛巨匠分别是两派音乐理论的代表性人物。他们的"追随者"纷纷发表独断的宣言，表示他们所说的未来音乐发展趋势才是"正确的"，其中一派作曲家所写的乐曲往往被另一派的成员弃如敝屣。有许多朋友因绝交，敌视彼此，形成长期打对台的两个阵营。还有些众所皆知的故事告诉我们，许多音乐家因为观点不同而拒绝交谈，但这一切争端对于同时代真正伟大的作曲家们似乎没有任何影响。

勋伯格与斯特拉汶斯基都不是独断的人。最后，令追随者感到震惊的是，斯特拉汶斯基居然用勋伯格发明出来的十二音列技巧创作出无调性音乐。勋伯格则创作出 C 大调调性音乐作品，一样让追随者感到震惊。

对于他们俩来讲，作曲的重点从来不是为了颂扬创造历程，而是把他

第五章　创造的取向

们的音乐愿景用艺术性的手法表达出来。

艾美·艾蒙森在她写的《诠释富勒》一书里面是这样描述巴克敏斯特·富勒（R. Buckminster Fuller）所发明的"八面体结构"：

> 我们都很熟悉等向量矩阵（IVM），因此才能够想象与体会富勒的"八面体结构"为何。这种结构于1961年获得了美国的专利权（编号2986241），在现代建筑中极为常见，所以很多人可能以为每一栋楼房都是它盖出来的。此外，有个故事是这样的：八面体结构的发明可以追溯到1899年，当时就读幼儿园的富勒拿到了几根牙签和一些半干豆子。因为富勒有严重远视再加上斗鸡眼，几乎可以说是个瞎子（直到一年后他配了一副眼镜），他的视觉经验跟同学完全不同，因此并未假设任何结构都是立方体的。其他孩子们很快就拼出了一个个小小立方体，只有小富勒慢慢摸索，直到他认为结构坚固才满意。他的老师们都感到讶异（其中一位非常长寿，定期写信给富勒，在信中回忆此事），他拼凑出来的东西居然是一个八面体与四面体组合起来的不规则结构。这就是他这辈子做出来的第一个八面体结构——自此他就养成了终身不改的习惯，总是用革命性的方式来构筑结构。

巴克敏斯特·富勒创造出第一个八面体结构时，年仅四岁。

"愿景"比"历程"重要

我们生活在一个辉煌的年代。但是，人们用来判断要往哪个方向走的标准通常取决于做事的方法，而非想要达成什么成果。

最近我跟某个朋友聊天，她跟我谈的是"历程的神圣性"与"个人历程的超越体验"。当她喜滋滋地讲个不停时，我几乎可以听见一群天使在轻声合唱了！

对于创造者来讲，这是个奇怪的观念。当我们创造时，历程只是功能性的。我们没有必须遵从的教条，不用保持浪漫的姿态，也无须坚守任何哲学立场。我们发明与设计创造历程的目的只是为了达到想要的成果，这就是唯一的目标。

我们最好让可预见结果的愿景先出现，再让历程以水到渠成的方式形成。若硬是要用任何固定历程来创造成果，是不明智的。构思出你想要的成果时，我们总是对创造成果的方式还一无所知，最多也只是有一点模糊的预感而已。

第六章

Tension seeks resolution
纾解张力之道

张力—舒缓系统主宰着我们要采取哪一种行动，而在这种结构里，力量会从某个系统变成另一个系统。我们也许可以称为主宰系统的转移，就是这种主宰系统的转移才会造成来回摆荡的行为……

某些结构的最小阻力之道是来回摆荡的，有些则趋于稳定。如果你置身于来回摆荡的结构中，你就会面对一再重复的模式。这种模式先是朝你想要的目标前进，又偏离它，然后再次朝它前进，又再次偏离它，依此模式一再重复。

如果你置身于一个稳定的结构里，最小阻力之道将会让你迈向最后的目标。这种结构是最有用的，因为它们有助于你创造出最后的成就。

在这一章，我们要先看看这种结构如何帮助你朝着成就迈进。在稍后的篇章里，我将说明你要怎么做，才能塑造出这种能帮助你创造成就的结构。

张力趋向于舒缓

普遍存在于自然界的一个基本原则是：张力趋向于舒缓。从蜘蛛网到人体，从银河的形成到大陆板块的迁移，从钟摆的摆荡到发条玩具的运动，全都是一种从张力趋向于舒缓的系统。

透过观察自然与生活，我们会发现，不管是简单还是复杂的张力—舒缓系统，都足以影响万物的改变，而且也会影响改变的方式。

最简单的张力—舒缓系统是一种只有单一张力的结构，这种结构有趋于缓和的倾向。如果你把一条橡皮筋拿起来拉开，它会趋向于恢复原状。受挤压的弹簧圈也倾向于弹回原状，借此释放出张力。

这种张力趋缓的倾向也是对话的常见特色。如果我问你"你好吗"，就出现了一种你必须回答问题的结构倾向。理由在于此问题产生了一股张力，要靠回答才能够把它释放掉。这就是所谓的"刺激—结果句型"。这种句型有可能以"发问—回答"或"声明—评论"，还有"声明后发问"等形式出现。

"玛莎跟你去吃晚餐了吗？"（出现张力）

"没错。"（张力趋缓）

"我觉得他们的提议是可以接受的。"（出现张力）

"我也觉得。"（张力趋缓）

有时候，张力趋缓后又会引发一个新的张力，接着会再度趋缓。这仍然是一种结构简单的张力—舒缓系统：

"昨天我们有三位客人。"（出现张力）

"哪三个人？"（张力趋缓，又出现新的张力）

"约翰、艾琳和布奇。"（张力趋缓）

"布奇是谁？"（出现张力）

"约翰和艾琳的狗。"（张力趋缓）

张力一旦出现后，最小阻力之路就会引领着我们走向张力趋缓的目标。上述的例子都是一些张力可以轻易趋缓的状况。即便最后的答案是"我不知道",结构里的张力都会被释放掉。

生活中每当你肚子饿的时候就会出现一个简单的张力—舒缓系统。饥饿导致张力出现,等到你吃东西时,那一股张力就释放掉了。

多重"张力—舒缓"系统间的冲突

当不同的张力—舒缓系统之间产生联结时,也许会出现互相抗衡的现象。在那种结构中,就出现了不同趋向之间的冲突。当某个张力—舒缓系统趋向舒缓时,另一个张力—舒缓系统的张力就会变得更大。一旦另一个系统的张力变得比原来那个系统还要强,整个结构会趋向于让另一个系统把张力释放掉,但这又会导致原来那个系统的张力增加。

因为不同系统之间互相抗衡,这个结构就会出现来回摆荡的现象。这种冲突是结构造成的,所以我把它称为结构性冲突。

结构性冲突

结构性冲突是因为两个简单的张力—舒缓系统相互抗衡而产生的。如果你饿了(张力),你自然会想通过吃东西(舒缓)来释放张力。

然而,如果你的体重过重,也许你会刻意选择某种饮食方式,借此达到理想体重,这就造成了另一个具有张力的系统,你会倾向于采取特定行动,借此释放张力——也就是不吃东西(张力趋缓)。

"饥饿—吃东西"与"过重—不吃东西"都是简单的张力—舒缓系统,两者关系紧密,但互相冲突。当你试图让某个系统的张力趋缓,你等于是否定了另一个系统,加强其内部张力。如果你不吃东西,就会越来越饿,导

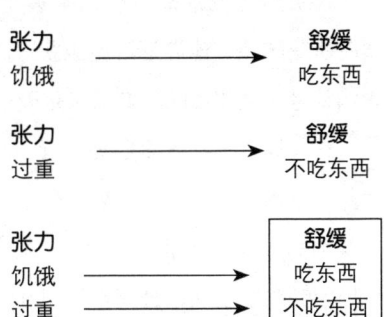

致"饥饿—吃东西"这个系统的内部张力增强。这个系统里的最小阻力之路就是吃东西,但是如果你吃了就会变胖,又会增加"过重—不吃东西"这个系统里的张力,接着你就会自然倾向于节食。然而,等到你节食了,又会变饿,你又回归到"饥饿—吃东西"这个系统里。

这两个简单的张力—舒缓系统构成了一种复杂关系。两种张力不能同时趋缓——因为你不能同时吃东西又不吃东西。

你也不能分别解决两个系统里张力过大的问题,因为其中一个系统的张力舒缓就会导致另一个系统的张力增加。

从表面层次看来,许多节食者似乎都采取了行动来实现他们最后想要的成就(减肥)。然而,若从结构层次看来,他们采取行动的目的是为了让结构性冲突趋缓。在这种结构的影响下,尽管他们暂时看来可能达成减肥效果,但是最小阻力之路终究会让把他们带往复胖的状态。一旦复胖了,最小阻力之路又会带着他们重新节食。

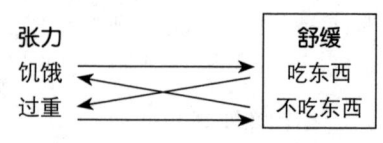

另一个常见的结构性冲突发生在许多大公司的投资行为上,包括兴建新工厂或者开拓新市场等投资。这些投资行为的目标都是为了促成长期的成长,希望最后带来更高的利润。但是当大公司为了这类投资而花钱时,一开始利润都会下降。

投资所需资本来自股东购买股票时所花的钱,他们都希望能获得高额的投资报酬。然而,投资行为的直接影响却是完全相反的,其后果是股东的投资报酬减少了。

这同样是一种来回摆荡的行为。一开始,投资人购入公司股票是因为对于投资报酬有兴趣。他们的钱给了公司,公司把钱用

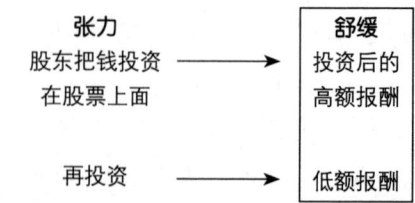

在投资上，促成长期的成长。利润减少了，股票能吸引到的投资者也变少。公司筹措到的资金减少，因此把焦点摆在募集新的资金上。为了成为股市里的亮点，大公司便减少再投资，借此展现出较高的获利率。

这种摆荡模式让许多跨国公司难以进行有效的长期计划。许多公司必须面对的现实问题，包括了恶意收购、研发迟缓，甚至被其他没有这种结构冲突的公司挑战。

表面的层次

张力—舒缓系统主宰着我们要采取哪一种行动，而在这种结构里，具有主宰作用的力量会从某个系统变成另一个系统。我们也许可以称之主宰系统的转移，就是这种主宰系统的转移才会造成来回摆荡的行为。其背后的影响力也许看来不明显，但事实上节食者可能会觉得很奇怪：为什么有时候节食比较容易，有时候却又不是？

如果你不知道我们的行为都是结构冲突所驱动的，对于眼前所发生的一切可能会感到很困惑。表面上看来，节食者试图减肥，试图控制自己的饮食习惯，最后失败了。问题到底出在哪里呢？自制力不够、情绪作祟、讨厌自己、自我毁灭的倾向、欠缺决心、性生活不满足，或是经济问题？

具有影响力的结构会导致行为来回摆荡。采取行动来解决结构冲突的人通常只看得见表面的行为结果，例如，他们只看到自己无法节食成功。他们不知道自己置身于一个来回摆荡的结构里，所采取的任何行动都只会让潜藏的结构更为坚固，最终感到无力。

节食通常都不能成功的理由之一在于，行动本身只是一个策略，其目标是为了颠覆那些深具影响力的结构性倾向。然而，结果却造成了某个结构被节食策略控制住或扩大了，另一个系统（因为饥饿而想吃东西的系统）却发生了补偿作用，也就是其主宰性增强。当你在结构的某个部分上施力，其他部分却会反弹回来。就系统动力学的角度来讲，这就是所谓的补偿性反馈。

典型的冲突结构

所有人毕生最常见的结构性冲突是由两个相互抵触的张力—舒缓系统构成的。其中一个以我们的渴望为基础，另外一个的基础则是与那种渴望不兼容的强烈信念，你觉得自己无法满足自己的渴望。

为什么我们会深信自己无法得到自己想要的？答案也许不是一眼就可以看出来的。因为，在这个现实世界里，我们总是遭遇到种种局限。

例如，时间只会往一个方向移动：时间无法倒流。你无法越变越年轻，最后回归子宫。你必须认清这是现实世界中不可能出现的事，如果你不知道时间有此特性，你就难以与这个世界打交道。也许你渴望时光倒流，而且有这种渴望也是人之常情，只是这是一种与世间常理不符的渴望，因此不可能实现。

现实世界的另一个局限是，万物有始必有终。无论是星球或人类，都会受到此局限，人类的寿命就是这样。在真实世界里，有些事情是不可避免的，例如生死循环。万物在问世之时就不可避免终结的命运。

为了存活下去，从小我们就必须好好了解自己受到哪些局限。但是，我们学到的东西常常过于通则化。常有人交代我们不能做某些事，我们也许就此认定自己无法得到我们想拥有的。有时候，当我们设法得到想要拥有的，也不会认为那是自己努力的成果。我们一再失败，无法达成某件事，因此强化了内心的一种感觉：我们就是做不到，或者是因为自己不够好才做不到。这种假设可能会变成一种连自己都没有意识到的态度，一辈子没发觉。

除了不可避免的事物，有些还是可以避免的。

即便时间只会往前走，但大部分事件并不是在发生的当下才决定或注

第六章　纾解张力之道

定的。你所做的许多选择、你所创造的东西、你的生活环境，都不是注定的。当你做的某些选择比其他选择还好，选择后就有后果。创造历程的要素之一，就是你必须学会如何做那些带来满意结果的选择。当你进行创造活动时，你所参与的那个领域，是一个充满可能性的非固定开放领域，一切由你的行动主宰。

渴望也是一种我们不可避免的特性。我们渴望呼吸。我们渴望温饱。生命本身就是一种渴望。除了人类的基本需求之外，我们也渴望一些别的东西。我们渴望有所建树，渴望有机会探险、成长与创造。我们一方面想要创造那些自己觉得最重要的东西，另一方面内心深处也认为自己不能拥有自己想要的东西。这种困境尽显人性，而它实际上是一种结构性的冲突。

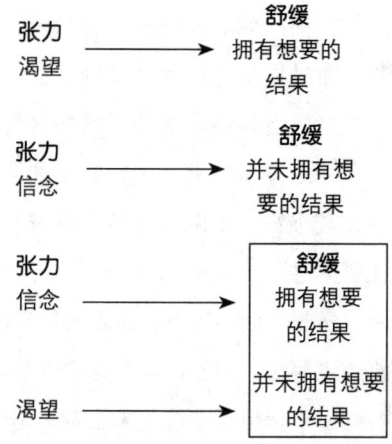

渴望创造出一股张力，如果你拥有了自己想要的成果，张力就会趋缓。

当你认为自己不能拥有自己想要的结果，就形成了一股张力，等到你真的并未拥有想要的，张力就趋缓了。

这两个张力—舒缓系统共同形成了一个结构性冲突，因为两者不能同时趋于舒缓。

我在这里可以做一个类比，说明这一结构是怎样随着时间的推演运作的。想象一下你自己待在房间里，你与房间前面与后面墙壁的距离相当，你所渴望的东西就写在前面的那一堵墙上。后面那堵墙上写着你的信念："我不能够得到我想要的东西。"

当你朝着那堵墙前进时，你就是朝着想要的东西前进。当你朝着后面那一堵墙前进，就是渐渐远离你想要的东西。

你的腰部被两条巨大的橡皮筋给套住了。第一条橡皮筋从你的腰部往前面的墙壁拉，它所代表的是张力—舒缓系统里面的"渴望"。

第二条橡皮筋从你的腰部往后面的墙壁拉，它所代表的是张力—舒缓系统里面的信念："你无法得到你想要的东西。"

现在，再想象一下，当你开始往你想要的东西前进时，橡皮筋会怎样？往前伸展那一条，当然会松开，同时你身后的那一条则是会拉得更紧。当你往前面那一堵墙接近时，你最容易往哪里去？哪里的张力比较强？最小阻力之路会带着你往哪里走？

显然，最小阻力之路是通往后面那一堵墙的。当你往前进、创造你想要的东西时，你变得越来越举步维艰。如果你走到了那一堵墙，创造出你要的成果，想要维持成果也越来越难。你越来越容易失败，朝着"你不能拥有自己想要的东西"前进。能量朝着最容易前进的地方移动是一个自然现象，而你都是自然的一部分。所以，无论如何，迟早你都会往另一个方向前进。你会这样不是因为你有某种根深蒂固的自我毁灭倾向，或是因为你真的想要失败，而是因为你正朝着结构中的最小阻力之路前进。

现在，想象一下，当你开始往后面那一堵墙前进，让张力趋缓时，会发生什么状况。当你离开你想要的成果时，主宰系统就转移了。原本张力最强的那一条橡皮筋开始舒缓，但原本已经舒缓的橡皮筋则张力增强。

显然，此刻最小阻力之路是通往你身后的，也就是前面那一堵墙——你想要拥有的东西。随着时间过去，你很容易持续在两堵墙之间来来回回，一开始朝某一堵墙前进，随着最小阻力之路改变了，又朝着另一堵墙移动。这种转变也许会持续数分钟，甚或好几年。

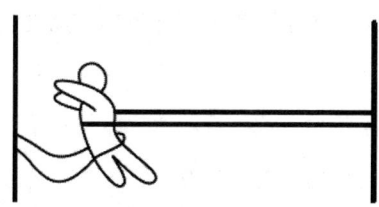

通常来讲，这种来回摆荡的情况都是长期的，而且一开始这种现象是很难被观察到的。

尽管采取的行动也许各自不同，但置身于此结构的任何人，无论渴望的是什么，他们的行为基本上是一样的。任何一个渴望都可能会被另一个渴望所替代，你会看到这种来回摆荡的现象持续存在。

"解决"结构性的冲突

乍看之下，你只要摆脱两个张力—舒缓系统中的一个，似乎就能够"解决"结构性冲突。其中一个"解决之道"是改变你根深蒂固的信念，把"我不能拥有我想要的"抹去，变成"我能拥有我想要的"。想改变信念，方法很多，但是在这个结构中，所有方法都会失败。如果你把新的"肯定"态度——也就是"我能拥有我想要的"（或者是其他类似的信念）——摆在前面的墙上，改变信念就变成了你的新渴望。在你持续采纳新信念的过程中（也就是当你持续往前面那一堵墙前进），"我不能拥有我想要的"这个信念就变成了主宰性的张力—舒缓系统了。讽刺的是，接下来无论你的信念有多虔诚，你多么努力让自己洗脑，你还是会比较容易相信你不能拥有自己想要的，而非能够拥有自己想要的。

想要"解决"结构性冲突，另一个显而易见的方式是放弃自己的渴望。这通常都是因为误解了东方哲学："你因为对你渴望的东西太执着才会受苦受难。如果你能放弃你渴望的东西，就不会继续受苦受难了。"

如果你试着把所有的渴望都放掉，"放弃所有渴望"就会变成你的新渴望。你越想朝着"没有任何渴望"前进，失败的结构性倾向就会越强。你的"渴望"越少，你就越容易变得有所渴望。"放弃渴望"这个目标里面所隐含的还包括顿悟、解脱或者是摆脱"虚妄现实"等灵性的目标。在此结构中，这些目标的功能与其他目标都一样。它们仍然与"我不能拥有我想要的"这个张力—舒缓系统是密切相关的。

渴望是一种倾向，一种想要改变、成形或者重组的倾向。"放弃渴望"与这个世界的本性是一致的，因为它本身就是另一种渴望。在这个由时空构成的世界里，有些渴望是我们永远无法满足的，"想要放弃所有的渴望"就是其中之一。有所渴望才是与这个世界的本性一致的，想要放弃所有渴望，则是与它的本性相违背。

结构性冲突"无法"解决

也许我们可以把结构性冲突定义为由至少两个张力—舒缓系统构成，任何系统中的"舒缓"元素与其他系统的"舒缓"元素都是相互排斥的。

你不可能同时或者先后让这些系统趋于舒缓。结构性冲突与我们口语中所谓的情绪冲突隶属于截然不同的层次。情绪冲突主要出现在情感的层次上，焦虑、困惑或者对于某个人的矛盾情绪（例如又爱又恨）等都是。结构性冲突则比较深入，它隶属于生命取向的层次，它可能会导致上述的种种情绪出现，还包括更多其他情绪，像是内在平静、轻松、过度喜悦、冷淡、沉重、沮丧或者极度悲伤。你的情绪通常源自你所置身的结构，也许你想采取行动来避免不想要的情绪或者培养你想要的情绪，但却无法改变你所置身的结构。因此，这些行动都是不会成功的。

在这个结构中，你也许会倾向于试图解决结构性冲突。尽管结构性冲突无解，但你会持续试图解决，而这是很自然的。尽管你想方设法，但那些方法并不总是能够达到目标。

在人类航空史的初期，曾有许多人为了飞行而设计出各种不同机器。也许你曾在某些老旧的新闻影片中看到某种飞行器上面有一层层的机翼，

第六章　纾解张力之道

它在跑道上快速前进，结果却是还没起飞就坠毁了。另一个飞行器则是有着像鸟类一样会不断拍动的机翼。尽管设计者的朋友们在一旁观看，觉得有趣极了，但结果却没令他们感到太意外：那机器在跑道上飞不起来，只能激动地跳来跳去，拍动翅膀，永远离不开地面。

虽然它们都是人类设计出来的飞行器，但是设计不当，有些结构因素导致机器飞不起来。

常有人抱着希望与乐观的态度来回避结构冲突造成的效应，但结果通常都失望不已。想要采取行动来解决结构性冲突，最后只会让你自己所受局限越来越多，结构愈趋稳固，而这就是结构的本性。

因为这种冲突在本质上是结构性的，所以你只能透过改变生命中的潜藏结构才能够造就任何实际与持续的改变。然而，若你只是想着从结构内部去改变结构，那是不会成功的。在结构的影响之下，最小阻力之路会把你的行动带往失败之路。讽刺的是，你想解决结构性冲突，却只会让冲突更深化而已。

事实上，若你正置身于结构性冲突中，虽然无法达成最后的舒缓目标，但你会发展出某些策略来弥补结构的不足之处。

因为本身的特性，创造会衍生出另一种截然不同的结构。但是创造并非结构性冲突的解决之道，创造独立于结构性冲突之外，与它无关。创造的过程中不会发生来回摆荡的现象。当我们开始探索创造的历程，你就会学到如何塑造出各种趋向舒缓、能够支撑创造活动的结构。

然而，在得以进一步探索创造取向之前，我们必须更彻底地检视那些用来解决无解冲突的弥补性策略。因为那些策略深植于我们的生活中，我们必须进一步了解那些策略为何，还有它们为什么不适合用来达到某些想要的成果。接着，我们才能够更清楚地看出结构性冲突与创造历程有何结构性的差异——前者的结构倾向于来回摆荡，后者则是趋于舒缓。

第七章 Compensating strategies 弥补性策略

为了面对每天所遇到的人、事、物，你必须"全神贯注"与"打起精神"，但这实在令你精疲力竭。终究，因为你采取了弥补性的策略，你会与自己想要的成果渐行渐远……

如前章所述，结构性冲突会导致来回摆荡的现象，无法达到我们想要的最后成果。因此，人们便倾向于发展某些策略来弥补结构之不足。这些结构性策略是如何发展出来的？这通常是一个渐进的过程。通常来讲，你会不着痕迹地发展出一些弥补性策略，连你自己可能都没有意识到。

如果你的汽车前轮失去平衡，稍稍往左偏，你的弥补策略可能是把方向盘往右边转一点，车子才能直直前进。如果车子是慢慢地开始往左偏，你的弥补行动也必须是慢慢的。你甚或没有意识到自己因为车子结构的问题而把方向盘往右偏。

然而，一旦车轮的平衡校准了，把方向盘往右偏的弥补策略就又没有用了。你就再也没有必要采取弥补行动了，因为汽车的结构已经改变。结构的改变导致了你的行为改变。

同样，当你从一个来回摆荡的结构移往能够趋于舒缓的结构，你会自动自发地改变某些行为。

如果你想要改变行为，但却没有事先改变导致行为发生的潜藏结构，那你是无法成功改变行为的。理由在于，结构决定行为，而非行为决定结构。

想象一下，某天你的一个朋友坐在你的车上，而你想要把方向盘往右转。你朋友不知道你的轮胎失准，他也许会出言指点，建议你改变行为："不要往右转，把方向盘打直。"

如果你接受建议，也许你的行动会暂时有所改变，但没过多久，为了不让车子冲出路面，你还是会把方向盘往右边偏。

大部分人给的建议都没有用，因为他们想要改变你的弥补性策略，但却不了解那些策略是因为某个潜藏结构而衍生。

人类总是喜欢针对自己的行为提出各种理论。我们就针对你把方向盘往右的行为发明一个听起来几乎合情合理的解释吧：

你会把方向盘往右偏是因为你的左脑过于发达。你太过理智了，因此没有好好培养大脑的直观反应。你该做的，是透过打坐冥想与饮食改变来聚焦在你的敏锐本性上。你应该多吃一点谷类与蔬菜。它们有助于平衡你所吸收的大量蛋白质，让你变得更阴柔。

针对结构性冲突无法解决的这个本性，我们主要会发展出三大策略来对应：让冲突保持在一个可容忍的范围里，操控冲突，操控意志力。

如果你置身于结构性冲突中，也许你在短时间内可以拥有想要的东西，但要保住它却变得越来越难。原本很棒的恋爱关系变得让你痛苦，原本如梦幻般的工作机会让你失望透顶，公司的重大成就化为一场灾难。

因为最小阻力之路带着你往前走，接着远离你想要的成果，也许你会用上述的三大策略之一来对应即将出现的欲求。这三者不仅会阻碍真正的创造，还会强化现存的结构性冲突，导致来回摆荡。但是在社会上，在生活中，我们都会采用那三种策略。

把冲突控制在可忍受范围内

常见的一种策略是试图减少结构性冲突造成的来回摆荡幅度。结构性冲突中的结构有其目标，有些人也许猜想它的目标是要打败我们，但实情并非如此。其他人则是猜想它逼我们受苦受难，主要是为了测试我们的诚意。事实上，结构的目标与你毫无关联。结构的目标纯粹是因为结构本身的构造使然，它的目标是平衡。用前一章提到的橡皮筋与墙壁的例子来说明，结构的目标是让两条橡皮筋保持强度一样的张力。之所以会有摆荡的情况出现，是因为结构中两个部分的张力强度不一。

两条橡皮筋之间有个平衡点，也就是两个张力—舒缓系统完全一样的时候。但是这种张力均等的状态是不可能持续下去的，因为张力—舒缓系统的主宰性有不断转移的特色。有时候你的渴求造成了系统里的差异，有时候则是因为你深信你无法拥有自己想要的东西而造成了差异。

某个张力—舒缓系统里的差异越大，来回摆荡的幅度也就越大。如果你能够限制摆荡的幅度，摆荡的情况就不会那么明显或让人感到那么不舒服。

结构的摆荡会造成情绪的起伏。摆荡幅度大，你的心情可能就会像坐过山车一样。许多人不喜欢自己的情绪像在坐跷跷板一样，所以他们采取了将摆荡幅度最小化的弥补性策略。因为系统而产生的情绪被控制在可以轻易容忍的范围内，尽管来回摆荡的模式依旧存在，但摆荡幅度变小了。

我们都知道某些人似乎都有"控制事态"的习惯，其他人则是试着"保持平稳"。在20世纪50年代长大的人常常听到的教诲是："别随便乱摇小船。"采用这种策略的人总会避免改变。面对挑战时,这种人总是会刻意避开任何潜在的冲突经验,借此将改变最小化。

当方向改变时,决定改变发生的因素为何?人们改变的时间点各自不同,因为大家对于不安的容忍度并不一样。也有可能你改变了,但却觉得情况更糟。因此,通常你会到忍无可忍时才会改变。

采取这种策略时,人们的做法就是压抑自己的抱负,将损害最小化。大多数机构与组织都偏好这种策略,包括公立教育机构、政府机关与大公司等都是。组织越大,这种策略成为组织约定的可能性就越高。当人们成为组织的一员时,组织总是会明示或暗示,把信息传达给他们:"别兴风作浪。"

这些组织并不是故意或者出于恶意才试图扼杀创造力与抱负;它们就是会这样做。因为存在结构性冲突,某些人把冲突控制在可忍受的范围内,而这种控制策略进一步导致他们只采取"务实的"行动,将风险最小化。他们最在乎的是可预测性与确定性,甚至为此而损伤创造力与更高的成就。

不只大型组织采用这种策略,很多人在私生活领域里也学会了将风险最小化,压抑自己的抱负,跟随社会似乎认可且无所不在的平庸水准。对于这些人来讲,人生似乎就像我们有时候会在冰箱里看到的那种食物:还没有老到需要丢掉,但已经变得难以入口了。

操控冲突

结构性冲突具有无法解决的基本特性,因此人们才会倾向于不作为,也不尝试着去拥有自己想要的东西。结果,人们通常是在发现自己承受了压力时才会采取行动。接着,他们会发展出一种策略,也就是把压力增大,借此逼迫自己行动。通常,他们也会把这种策略应用在别人身上。这种策略的做法是,让自己或者其他人看到,如果不采取行动,就会发生什么负面的后果,

第1部分　创造的要素

借此"策动"自己或别人。

操控冲突之道往往涉及以下两个步骤：

1．激化冲突：做法通常是展现出一种如果不采取行动的话就会出现的"负面效应"，或是不乐见的结果。

2．采取能够减少压力的行动：通常是设法避免不乐见的结果发生。

此策略让人在采取行动时不是为了创造自己想要的东西。他们采取行动只是为了减少压力——但那种虚幻的压力是因为预期的负面效应而产生的。

某个大公司也许会因为受到竞争者的威胁，为了避免市场占有率下滑而启动一个新计划。某个员工可能会因为业绩不佳，生怕饭碗不保而突然展现出干劲。瘾君子也可能在听到肺癌与抽烟有关的统计数据后决定戒烟。

在冲突结构中，采取"操控冲突"策略的人首先都是先看到了预期中的负面效应，才会离开那个还算可以容忍的冲突范围。

他们持续朝着这个方向采取行动，但内心冲突持续升高，到了极其危急的程度。他们越来越担心，灾祸似乎已经不远。他们持续聚焦在现存的问题以及不采取行动就会出现的潜在问题上。就结构的角度而言，以"欲求"为张力的张力—舒缓系统越来越具主宰性。

接下来，弥补性策略的作用把人们投往另一个方向，让他们因为自己的欲求而采取行动：在这个时间点上，操控冲突的策略似乎发挥了作用。人们朝着他们想要的方向采取行动，甚或达成了短期的成果。结构已经发生了主宰性转移的现象。当他们持续朝着想要的成果前进，张力—舒缓系统的张力就被释放了。

但接下来，那个以"我不能拥有我想要的东西"为张力的系统出现张力上升的现象。最小阻力之路很快就会带他们远离自己想要的成果。

他们本来是想要用压力来逼迫自己采取行动，借行动来减少压力。他们的行动越成功，压力就越小。压力一变小，行动的动机也随之变弱。过一段时间后，大幅来回摆荡的情况不再。他们不再采取行动，结果情况又

第七章　弥补性策略

回到可以忍受的冲突范围里。

就两方面来讲，这种策略的长期效应就是强化人们的无力感。首先，这种策略本身强调的是，真正的力量存在于人们想要避免的那种环境里面。其次，这种策略承认，即便人们已经"尽力而为"，但却没能达成持续的成就。

如果你长期忧心忡忡，你就是采取了操控冲突的策略。如果你会对自己的负面情绪有所回应，你就是采取了操控冲突的策略。

在第三章中论及解决问题的时候，我已经说过了：你采取行动来减少问题造成的张力，虽然张力变小，但接下来你采取行动的力道也会减低。解决问题也是操控冲突策略的一种范例。

我曾经受邀到一个叫作"创造和平"的研讨会去演讲。海伦·凯迪考特（Helen Caldicott），社会责任医师组织（Physicians for Social Responsibility）的创办人，也是嘉宾之一。我不曾听过她演讲。在会议室里，她非常善于营造出一种恐惧、毁灭与创伤的气氛。她巨细靡遗地描绘核弹爆炸后对人类皮肤所造成的伤害、种族大屠杀、饥荒、辐射线中毒、大气层破损，还有地球终将灭绝。她用一种单调的澳洲腔发言，大家开始哭了起来。整个会议室躁动了起来，恐惧的氛围越来越深入人心。到她演进结束时，观众各个慷慨激昂，准备起身采取行动。原本，那个会议的目的应该是呼吁大家用"理性"来对抗因为人类的非理性而即将降临的核战争。结果，反而变成用非理性来对抗非理性。她的预言越恐怖，与会者就感到越无力。

这种营造出虚假情绪的手法并无新意。过去任何人只要想鼓动人群，这就是他们会采取的操控手段之一。我相信海伦·凯迪考特是真心诚意的——尽管她所使用的操控冲突策略跟过去几个世纪里那些最恶劣的野心煽动家没两样。但是，这种策略只会让那些想要恪尽"社会责任"的人更感恐惧与无力。假以时日，他们的行动力就会减弱。

这世界的确有核武器。我们应该视而不见吗？答案是否定的。但是恐惧能够让这个世界更安全吗？一开始为什么会有核武器存在？因为分别处

第 1 部分　创造的要素

于铁幕内外的两大阵营都使用同样的操控冲突策略，他们唯恐这个世界落入另一方手里，所以激化冲突。

他们创造出"敌军的核武力更强，因此得以征服他们"的假象，借此为军备政策争取经费。就像海伦·凯迪考特而言，对于这些人来讲，恐惧是如此真实。他们采取的行动将会导致自己更加无力，也增添更多核弹。

更多的相同思维能够拯救世界吗？就结构、形式或模式而言，反对与赞成核弹的两个阵营真的有所不同吗？

人们采取操控冲突的策略，多年后内心的无力感越来越强烈，行动力则越来越弱。当他们以冲突为行动力的来源时，用于降低冲突的行动绝对无法创造出长期的成果。如果我们把人类文明的未来建筑在冲突之上，我们在未来绝对无法大幅成长。

冲突越极端，行动就会越极端。恐怖分子就是一个采用操控冲突策略的极端典范：他们尽可能用恐惧来制造最大的冲突，如此一来其他人就能够采取他们所希望的行动。而他们通常是以更高的价值为名来做这件事的。

有些团体一开始以光荣的使命为号召，但随后开始采用操控冲突的策略。例如，绿色和平组织（Greenpeace）近年来就采取了这种策略。他们原本是个充满效能与可信的组织，如今各地却流传着他们进行秘密行动、搞破坏、采用极端宣传手段的传闻。绿色和平组织跟法国海洋探险家雅克·库斯托（Jacques Cousteau）难道住在不同的世界里吗？他成立的机构处理了许多关于环保的问题，但是效能更胜于绿色和平组织。库斯托的行动并非以冲突为基础，而是带着大家见识地球有多美丽。

许多人的著作写得不错，但其中也掺杂着操控冲突的策略。未来主义作家珍·休斯敦（Jean Houston）写的《生命力：重新发现自我的心理—历史历程》（*Life Force: The Psycho-Historical Recovery of the Self Quest*）一书就暗藏这种策略：

意蕴深远的一件事是，许多人都感受到当今的意识危机、真实感的失落、疏离感如潮流涌现。在此同时，地球生态又因为科技的进步而面临毁

第七章 弥补性策略

灭。我们被迫意识到自己不是空有沉闷自我的一副臭皮囊。人类应该是一个有机体与环境，与许多不同的领域生命共生共存。

这引领我们来到了人类历史上的关键时刻：如果我们要存活下去，实在别无选择，必须弃绝过去那种生态上与科技上的劫掠。这意味着我们必须发掘与重新发掘各种形式的意识与满足感、各种形式的人类能量，而非过去那种消耗、控制、自大与操控。该是我们把尘封许久的人类潜能拿出来使用的时候了——过去之所以用不到那些潜力，是因为我们扮演的是"劳动人"的角色，或是像征服自然的普罗米修斯。

这种思想掺杂着操控冲突的策略，是个很有趣的范例。环境与意识之间的关系？实在很有趣。开发那些尘封已久的潜力？这也很有趣。但是，根据珍·休斯敦所言，如果我们不采取行动，只会走向毁灭一途。她在字里行间所提及的急迫、危机与劫掠，还有我们在"人类历史上的关键时刻"可能会错失的机会，这一切都是冲突。为了消弭此冲突，我们必须采取的行动就是：我们"别无选择，必须弃绝过去那种生态上与科技上的劫掠"。如果我们不采取行动呢？我们就无法存活。

她的信息明确无比。不好好采取行动，就只有死路一条。如果你把她的话当真，你就会为了避免那些悲惨后果而采取行动，行动的真正目标是降低冲突——但此冲突却是借由想象种种悲惨后果而产生的。尽管情况不变，甚或变得更糟，你的行动将会减少你所体验到的一部分冲突。冲突变少后，你的行动也会减少。这就是最小阻力之路。结构弥补了操控策略。极度摆荡到某一边后又极度摆荡到另一边，假以时日，摆荡的幅度又减少了。这最多也只能带来一些短期的效应。

诗人罗特·弗洛斯特的名言非常适用于此状况：

"我从来不利用忧虑来促进任何人的智慧。"

许多人企图提倡虚假的利他主义，背后的概念刚好跟弗洛斯特相反：他们就是利用忧虑来促进他人的智慧。这种手法能够引人注目，但是最多也只能让冲突时增时减。尽管冲突的强度改变了，环境却通常未改变。冲突和与冲突相关的行动并未创造出一个更好的新世界。

如果再加上强烈的罪恶感呢？罪恶感是一种内心冲突，它的功能通常是用来操控你，让你的行为变好。就像心理学家罗洛·梅（Rollo May）曾经写的：

如果你并未表达出自己的原创概念，如果你并未倾听自己的真正存在，你就是背叛了自己。

没有聆听自己就算是背叛？没有表达出自己的原创性就算背叛？那么自由意志又是怎么一回事？为什么你有责任表达自己？当你让自己深陷于罪恶感之中，你对自己还能保有几分真诚？这种论调不是给你选择余地，而是胁迫你。

海伦·卢克（Helen Luke）也曾于《女人、地球与灵性》（*Woman, Earth, and Spirit*）一书里面写道：

不管是今天或者每一天，我们都肩负着一个任务，即全力投入我们独一无二的生活方式中。目的不在于自我改善，不在于救赎这个世界或社会，而只是因为，我们选择在生命中真诚地面对"个人"这个基本假设，别无其他。

如果你是因为别无其他选择才去做的，怎能说是全心投入呢？我还以为全心投入是一种选择，而非责任。不管现在或过去，这都是一种常见的思维方式。我们生活在一个充满了陈腔滥调与座右铭的时代。许多言论的目的都是为了操控我们，让我们开始行动：

如果你不加入解决问题的行列，你就会变成一个问题。

这句话流行于20世纪60年代末期到70年代初期之间，话讲得很漂亮。无论你怎么做，你总是与冲突脱不了干系。而且如果你刚好并非直接涉及冲突，你就是造成冲突的原因。

在《创造力》（*Creativity*）一书里面，西尔瓦诺·阿里耶提（Silvano Arieti）是这么写的：

在人类受限于有条件的反应方式、受限于一般的选择时，创造活动是

第七章　弥补性策略

他们用来摆脱枷锁的主要方式之一。

在这里，创造活动的目的变成用来减少冲突——那些受习惯的反应方式与一般的选择影响的冲突，采取行动还是为了解决冲突。过去一直有人尝试着把创造活动当成一种治疗方式，而且好像它与其他类型的治疗一样有效；但是，如果你把创造活动当成一种解决冲突的策略，你会发现无法创造出对于自己而言很重要的东西。

许多促进人类成长的观念都充满了这种操控冲突的策略，我想是因为大家都把它当成一种绝佳的营销策略。在潜在的客户身上创造出一种虚假的需求，鼓动他们内心的急迫感，让他们以为好像没有其他选择。但是，操控冲突的策略具有一种无法带来成长的结构，它只能让人大幅来回摆荡。因此，许多人虽然企图改变，而且通常是诚心诚意的，但却未取得改变或成长。这是因为操控冲突的策略具有一种无法促进成长的结构。

负面的假象：恐惧、罪恶感与同情心

一直以来，各种社会、健康、政治或宗教的相关组织在提倡理念或募款时，最惯用的手法就是操控冲突的策略。它们常常会采用同样的公式——尽管有些是透过恐惧来操控冲突，其他则是透过罪恶感或同情心。

抗癌组织企图用恐吓的方式让你戒烟或者开始吃某些食物，其手法就是让你看见癌症的假象。

预防心脏病的协会试着用心脏病发的幻象来威胁你，要你遵循低胆固醇与无盐的饮食方式。

每天，广播与电视节目里都有数以百计的福音传播者用邪恶的幻象来吓唬你，要你行善。但是，他们其中有些人因为你的行善而牟取暴利。

环保主义者通过宣传酸雨与河水污染的幻象来恐吓你，要你支持各种环保法规。在此同时，某些商界与政坛领袖却用同样的手法，营造出经济体系崩溃与普遍高失业率的幻象，要你支持他们放宽环保法规。

通过罪恶感与同情心等各种情绪，某些反饥饿组织也通过宣传饥饿孩童的幻象来争取你的支持。某些救灾组织则是企图通过宣传人类受苦受难的幻象来争取你的支持。

男女平权组织与人权组织通常也会通过宣传不公不义、种族歧视、憎恶、性别歧视与偏见等幻象，借此争取你的支持。

以保护濒临绝种的生物为宗旨的组织则是同时借由罪恶感与同情心，通过宣传鲸鱼、海豹与其他野生动物被屠杀的幻象，要你捐钱，并且支持他们的理念。

最讽刺的是，虽然上述使用操控冲突策略的各种团体不希望那些幻象在地球上出现，但就大多数案例而言，幻象却因为它们的宣传而深入人心。我们这个时代的最大悲剧之一，就是许多好心好意的人常常把大量心力投注在那些他们的确不乐见的幻象上面。

透过操控冲突的策略来改变习惯

若是想试着改变某些恶劣习惯，例如暴饮暴食、酗酒、吸毒、赌博、抽烟等等，常见的方法之一就是采用各种不同形式的操控冲突策略。然而，最基本的两个步骤还是一样的。

这种策略的第一个步骤就是让冲突强化或恶化。当你企图改掉坏习惯，进行这个步骤的方式通常就是去想象坏习惯的各种可怕负面后果。

第二个步骤，则是采取行动，借此舒缓你因为第一个步骤而升高的情绪冲突。当你想要改变某个习惯，你所采取的行动就是戒掉或者减少你不想继续做的那件事，像是戒酒、不再暴饮暴食，或者戒毒。

许多研究毒瘾的专家都知道，想戒毒的人前几次试着戒毒，通常最后都还是会继续吸毒。专家不知道的，则是他们所使用的其实是操控冲突的

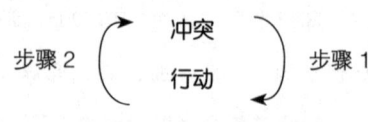

第七章　弥补性策略

策略，最后戒毒会因为结构的问题而失败。瘾君子先通过第一个步骤强化冲突，到了第二个步骤暂时停止吸毒，进而减少冲突，但是最小阻力之路却会把他们带回到原来的习惯。

最后，为了应对这种"失败"，采用操控冲突策略的人通常会改用另一个策略：让冲突持续加强。因此，他们一再施行第一个步骤。酒鬼持续告诉彼此，说他们永远都会是酒鬼，不管他们戒酒戒了几年，随时都会重新开始酗酒。同样，暴饮暴食的人参加某些帮助他们的计划后，在受训时不断警告自己，说他们是无力的、无法控制的，因此必须不计一切代价地紧盯着自己。总有人跟他们说，如果他们不紧盯着自己，他们就会开始暴饮暴食。

在反抗—顺应取向中，因为生活中最强大的力量就在环境里，有各种瘾头的人好像只有两个选择：继续他们那些已经上瘾的行为；或者持续采用操控冲突的策略，也就是为了避免喝酒、赌博或者暴饮暴食等而让内心的情绪冲突持续恶化。

如果上瘾的人只有上述两种选择，那么就大多数情况而言，上瘾者的较好选择当然是采用操控冲突的策略——因为大多数成瘾行为都有不利于身心的后果。

然而，不管这些人是否酗酒、嗑药、暴饮暴食，采用操控冲突的策略并不会改变他们生活中的基本潜藏结构。你觉得这些上瘾者一开始为何酗酒、暴饮暴食、嗑药或抽烟？就结构来讲，这些习惯性行为的目的都是为了减少他们内心的情绪冲突。情绪冲突包括重大的失落感、悲伤、恐惧与罪恶感。想要戒掉这些成瘾的习惯，一般而言他们的策略就是让自己对这些习惯感到强烈冲突，其强烈程度更胜于他们想通过这些习惯减轻的内在情绪冲突。

在《正面成瘾》（*Positive Addiction*）一书里面，威廉·格拉瑟（William Glasser）描述了几种不具破坏性的习惯，包括打坐沉思、慢跑、做瑜伽还有其他各种运动，都是许多负面成瘾行为的有效替代品。

第 1 部分　创造的要素

酗酒多年的人可以每天打坐沉思一小时，改掉喝酒的习惯。对他来讲，打坐沉思变成一种正面的成瘾行为。当有人问及，如果不打坐沉思时，他会怎样，他说自己会出现跟之前试着戒酒时类似的症状，只不过，他认为会这样是因为没有打坐沉思而引起的。

不管是正面或负面的成瘾行为，其潜藏结构都是一样的。尽管正面的成瘾行为比负面的要健康，但仍然有负面的效果。成瘾行为本身不论是正面或负面的，都是一种策略，其功能是用来避免戒断症状的负面效果。无论如何，成瘾者都是处于操控的状态中，但他们不一定需要这么做。

斯坦·皮尔（Stanton Peele）是个备受尊崇的戒瘾专家，他也认为想要戒掉有害的习惯或者成瘾行为，最好的方式就是不要再去做就好。他深信，大部分人实际上就是这么做的。他引述了一些个案研究结果为例证，用来反驳一般人认为戒瘾很难的观念。例如，越战期间染上海洛因毒瘾的美军士兵里面，有 95% 回国后都能戒掉。此外，在被诊断为重度成瘾者的士兵里面，有 85% 回国后都成功戒毒了。

出于对毒瘾的普遍了解，许多专家先前都曾预测过，当士兵们回美国后一定会造成海洛因毒瘾大流行的状况，但大流行的状况却未曾出现。为什么没有呢？

皮尔主张，不管是这些士兵还是一般成瘾者，他们的自制力其实都比我们所认为的还要强。他进一步主张，许多戒毒专家使用的方式其实都毁了戒毒者的自制力，因此让他们更加难以改变有害的习惯。

当潜藏结构真正发生改变时，最小阻力之路就可能会直接引领你走向你要的成果。若你能走上那条路，自然就能够改变有害的习惯——那些会妨碍你达到成果的习惯。自制力的根据并非意志力，而是策略性的选择。《如何戒除潜在成瘾行为》（*The Hidden Addiction—And How to Get Free*）的共同作者，医学博士珍妮丝·凯勒·菲尔普斯（Janice Keller Phelps）曾说：

许多传统的戒瘾方式设法让病人分心，暂时摆脱长期忧郁问题，但身

第七章　弥补性策略

体的生化状态仍无法平衡。若想要塑造并且维持新的生化平衡状态，创造历程是一扇便捷之门。

操控冲突的策略带来无力感

现实生活中存在着癌症、成瘾行为与其他严重的健康问题，许多情况基本上都是因为人们长期感到无力；其余的状况尽管并非直接归因于人们的无力感，但却会因为无力感而恶化。如果你想用一种会强化无力感的策略来改变这些归因于无力感的问题，那你一定是疯了。

虽然人们把操控冲突的策略用于个人的人际关系、商务与法务谈判、政治、教育、广告与募款，还有社会的各个领域，但这并不是一个有待"解决"的"问题"，也不应该成为一波新冲突的导火线。这个结构本身有一种内在的局限，让你无法达成想要的成就。当你开始利用结构这个概念时，你注意到自己也使用了各种程度不同的操控冲突策略，或者受制于它们。当你开始注意时，你很容易就能看出很多人就是用操控冲突的策略在互动。

操控意志力的策略

许多人采用的另一个策略就是操控意志力，如果他们成功了，可能就会觉得自己"意志力坚强"；反之若失败了，就会认为自己"意志力薄弱"。

大多数的人都觉得自己并没有成就大事所需的强大意志力，但依旧认为意志力或正面的态度是成功的关键。

正向思考带来无力感

在这种模式中，常见的策略之一就是通过种种手段来强化意志力，像是正向思考、过度自我肯定、激励决心以及热烈的鼓舞手段。某些理论主张，我们有必要像"植入程序"一样让脑袋里充满正面的信息，如此一来才能够召唤出足以控制生活常规的潜意识，与它一起合作。这些理论所假设的是，如果你能够改变潜意识的"程序"，往后的人生将会幸福顺遂。

每年都有数以千计的书籍与杂志鼓励人们用这种方式培养意志力。有线电视频道里专门讨论这些方法的节目就有几十个。为了克服结构性冲突，许多人以夸大决心与"正向思考的力量"为策略，运用各种手法包括唤醒潜意识的录音带、自我肯定、自我催眠、正面的强化手段、激励会议、在洗手间的镜子上贴各种口号与座右铭，还有各种各样的打气方式。

如果通过上述手法你能够影响与引导自己的潜意识，你灌输给它的包括哪一些信息？与潜意识沟通是很困难的，必须通过特殊的手段。毕竟原先的"植入程序"力大无穷，潜意识又笨又任性，你必须像对待孩子一样对待它。

当你试着强迫潜意识接受那些正向思维时，正向思维对于潜意识的帮助不大，倒是你已经证明了自己的操控手法比潜意识还厉害。那你还有必要诉诸潜意识吗？

自我肯定

逼迫潜意识接受信息的常见手法就是自我肯定，做法就是不断让自己复述各种"正面的"思维。有人鼓励你像念咒一样默念一些词语，也有人要你把它们一遍又一遍写下来，有点像是淘气学生被老师处罚，在黑板上写满"我再也不会捉弄老师了"这句话。

下列自我肯定的词语是采用这种手法的人常用的：

整个宇宙都支持我。

我越爱自己，别人就会越爱我。

金钱是我的朋友。

现在我已经可以认同我爸妈了。

第七章　弥补性策略

现在我爱我自己，今天也是，永远都是。

我所付出的一切回到我身上时都已经变成一百倍了。

我现在的地位与工作都是注定的，我喜欢当下的每一刻。

我在适当的时间来到了适当的位置上，也把适当的事做好了。

因为人们将会用我对待自己的方式对待我，所以我要好好对待自己。

我所有的人际关系都充满了爱，持久而和谐。

我原谅爸妈对我做的那些无知行为。

我在出生时没有死掉，所以我喜爱生命更胜于死亡，因为我选择了存活。

我觉得我很喜欢自己。

我的内心充满了爱，我也将用爱来对待所有我认识的人。

当我不了解时，提问题是没有关系的。

我愿意接受我的生活现状。

我有权对别人说不，同时又不会失去他们对我的爱。

我爱自己，肯定自己，而且永远都会这样。

爱是抛弃恐惧。

爸妈是爱我的，不管他们知道或不知道。

爱能疗愈一切。

我可以拥有一切。

我知道好事会成真。

上述某些意念似乎还不错，而且很友善而纯真。其他听起来则是像大众心理学的陈腔滥调，其功能是用来帮人对抗内在的自我毁灭冲动。我们不妨检视其中部分词语，看看其含义为何。

- （整个宇宙都支持我。）"支持"这两个字在这里所指的是你的成长、你的生计与幸福。如果整个宇宙真的支持你，你为什么需要一再复述？一再复述，就表示你并非真的相信。除非你不相信宇宙支持你，否则你何必强迫自己接受这个意念呢？事实上你只是确认了宇宙并不支持你，但你希望它支持你，而且最好赶快动起来。

有些人的确感受得到宇宙的支持，但那些人通常不认为自己有必要复述那句话。如果你认为某件事是真的，你又何必对自己一再复述，企图给自己洗脑，接受那个意念？我们不妨把"整个宇宙都支持我"改成"我的心脏在跳动"。你能想象自己一再复述这句话吗？

我的心脏在跳动。

我的心脏在跳动。

我的心脏在跳动。

我的心脏在跳动。

我的心脏在跳动。

我的心脏在跳动。

- （我所有的人际关系都充满了爱，持久而和谐。）若是实情果真如此，这种说法的确很精确。但通常来讲，只有体验完全相反的人才需要这样自我肯定。不说真话，就是撒谎。你为何要对自己撒谎呢？你无法接受事实吗？你唯一肯定的，就是你必须对自己撒谎。这句话掩饰了你其实并不尊敬与你有关系的人；它隐含着他们"必须"让你感受到爱意与和谐，而且他们最好赶快行动，否则就会只是一些"酒肉朋友"。但愿你不要与他们发生冲突，或者彼此渐行渐远。你之所以这样自我肯定，是因为你不接受现实：并不是所有人际关系都是顺遂、永恒的，而且不会有冲突。

- （我觉得我很喜欢自己。）如果真是这样，你为什么要一再复述？如果有时候你不是那么喜欢自己，那是什么状况？你必须总是那么喜欢自己吗？你不能接受糟糕的一天吗？如果你不是特别喜欢自己，那又有什么问题？这样自我肯定所暗示的是，如果你不高兴时，就会有问题，而且也隐含着你现在并不高兴。所以，这句话实际上传达的信息是"你有问题了"。

- （我愿意接受我的生活现状。）许多提倡"接受现状"的人使用的也是操控意志力的策略，只是运作的方向相反。"接受现状"只是另一种形式的意志力。这句话的思维方式是这样的："我不会干涉充满智慧的宇宙。我

第七章 弥补性策略

不会试着控制所有的情况。我会好好生活，不管现状为何。"但人们为何会采取这种态度呢？因为积极的策略并未奏效，所以他们要改用消极策略来化解冲突。他们为什么要放弃自己的欲求、意志与个人意见呢？此刻，他们只是刻意用意志控制，要自己别发挥意志。目的呢？与宇宙合二为一？而这就会变成你的新欲求，你刻意用意志告诉自己，要自己对各种遭遇保持开放态度，逆来顺受。这是另一种形式的反抗策略——反抗的是你无法创造自己想要的成果，反抗你自己的失败经验。

这种接受现状的信息源自你对于宇宙本性的一个看法：你无力左右自己的命运。任何改变这个状况的企图都会失败，甚至引来灾祸。你最好识相点，好好听话，否则就惨了。"随波逐流吧。"这是这个宇宙试着向你传达的信息。与这种思维伴随而来的，通常都是各种陈腔滥调，要我们尊敬"生命的原貌"，但这种陈腔滥调显然暗藏着对于生命中所有重要力量的不敬。

基于结构的本质，最后可能会产生各种程度不同的行动——有时候是极端的行动，有时是极端的无为，以及介于两者之间的其他行动。泛舟时，如果你只是"随波逐流"，最后一定会撞上巨岩。

接受现状含有"我放弃，我投降"的意思。这种论调并不是利用你所面对的强大影响力，而是逆来顺受。如果把这种思维摆在自我肯定的脉络里，那实在太荒谬了。为了自我肯定而一再复述这句话，实际上是强迫你自己接受现状，逼你自己"放手"。接受现状这种态度本身就是意志力的表现，就是强求你自己在行为上与态度上接受现状。

通常来讲，像这样强迫自己接受现状，其实是暗示了你的自我与宇宙的意志之间有一番交战，并且进一步暗指两者不一致，所以你若考虑自己想要的，就是一种高傲的态度。曾有一个女人跟我说："我只想照上帝的旨意做事。"我问她："想照上帝的旨意做事是谁的意志？"停顿了好一会儿之后，她说："我的。"

• (我知道好事会成真。) 这句话通常是用来帮自己打气，建立自信的。

事实上,你并不知道"好事"是否会成真,你只知道它似乎可能会成真。即便是可预期度最高的事情,也有可能不会发生。例如,如果现在你猝死了,许多事情就算可预期度再高,你也无法让它们成真。除此之外,这种自我肯定的方式是正向思考中的一个典范:说明这种思考方式并不尊重事实。只有当某件事的确成真时,你才能够自信满满,而且诚恳地说一句:"这件事成真了。"

正向思考令人感到无力

正向思考到底有什么错?一言以蔽之:与事实不符。创造历程的技巧之一是评估创造活动的现状,如果你有偏见,就很难达成。如果你试着用正向的观点来掩盖事实,在创造历程中你就难以调整自己的行动。

多年来,一个个正向思考的提倡者都宣称,你的命运取决于自己的态度,所以,如果你能用正向的方式思考,就会促成正面的结果。这种策略就是逼你自己去设想"最好"的情况。

如果你某天早上醒来,觉得自己生病了,疲倦而且头痛,某个正向思考的流派可能会逼你自己这样想:"天啊!今天我觉得神清气爽,能够活着不是很棒吗?"

另一个正向思考的流派则是要你对自己说:"我真的觉得自己病了。我想,能够觉得自己病了真是一件好事,因为往往是在这种情况下才会有好事发生。这个学习的机会多棒啊!"

正向思考是一种操控意志力的策略,其功能是帮助人们用意志力强迫自己,是某种形式的自我操控。

上述两种正向思考的流派有两个根深蒂固的假设,通常它们并未讲出来,也没有好好检视过。第一个假设是,你必须通过克服自己的负面习惯来控制自己。第二个则是,事实对你来讲有点危险,因此,你必须用对你有利的诠释来掩盖事实。

第七章　弥补性策略

把创造历程的假设拿出来与上述两个假设比较，你就能看出正向思考与创造取向之间实在是天差地远。

首先，在创造取向中，你无须控制自己。反而，这种取向自然会假设，无论你是否有负面的习惯，你都会创造自己最想要的东西，那是一种自然倾向。此外，你不需要与任何内在力量抗衡，但也许需要把内在力量纳为己用，让它融入创造历程的整体中。这不是要对你自己"植入程序"，而是与所有具有影响力的力量合作——包括你可能不是特别喜欢的力量。

其次，创造取向的关键之一，就是你必须把现实如实告诉自己，无论你所面对的情况与环境如何。对于现实的清楚描述是创造历程的必要资讯。如果只是"报喜不报忧"或者虚构关于现况的观点，你等于是模糊了事实。

在创造取向中，如果你醒来时觉得自己病了，疲倦而头痛，你会按照自己所观察到的，对自己讲真话。此外，你也没有必要对现况的终极意义进行诠释。（你不用对自己说："在这种情况下才会有好事发生。"）当然，所谓的现实也许会包含你对于现状的看法——例如，"我觉得自己病了，我不喜欢这样。"

当你试着用意志力来化解结构性冲突时，会是怎么一回事？首先，你那经过夸大的决心也许会把你推向你想去的方向，离开可忍受范围内的冲突状况。

短期而言，也许你会顺利达成某种"突破"。操控意志力的策略跟操控冲突一样，通常在短时间内是有效的，但是对于长期成果却有害。跟先前一样，即便你能够抵达房间前面那一堵墙，因为你的意志力是夸大的，结构还是会出现来回摆荡的情形，于是你又会往后移动。这种结构并不会支持你那充满意志力的决心。

为了面对每天所遇到的人、事、物，你必须"全神贯注"与"打起精神"，但这实在令你精疲力竭。终究，因为你采取了弥补性的策略，你会与自己想要的成果渐行渐远。你会"失败"并不是因为你的"意志不坚"或者遭逢某种"内在阻碍"，而只是因为此结构的本来就是这样运作的。因为取决于结构，最小阻力之路只会把你带往一个方向：远离你想要的成果，无论你多么努力地试着"保持信念"都一样。

随着时间过去，因为弥补性策略对结构的作用持续着，你还是会不断来回摆荡。终究你会被带回可忍受范围内的冲突中。

就像操控冲突的策略一样，操控意志力的策略也会渐渐让你出现越来越深的无力感。首先，每当你企图激励自己，刺激自己时，背后都隐含着一个充满无力感的信息：你必须靠外力推动才有办法控制自己的强大惰性、"内在阻力"以及负面的思维。其次，你之所以感到无力，还是因为你试着要去做某件事，尽管你全力以赴，充满决心，仍然失败了，没有造就任何持续性的改变。

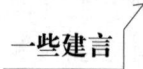
一些建言

现在你也许知道了，如果你置身于结构性冲突中，就算你的弥补性策略再棒，也是不会成功的。多年来，当我描述完这种结构性现象之后，大多数人自然而然会问我："我到底要怎样摆脱这种结构！"

这不难理解。可以清楚地看出自己的所有作为终将失败，似乎不是什么好消息。当你体会到结构性冲突无解，采取任何行动都只会徒然强化结构的时候，也许会感到受挫折。因为这种结构性冲突的本性，人们常感到绝望。你对这结构越了解，内心的挫折感就越深。

然而，你能够转而进入另一个结构里。但是这无法靠解决结构性冲突来达成。如果你对这个结构感到不满，怀抱着不满的心情，试着要进入另一个更有用的结构，那是没有用的。这等于是另一种形式的操控冲突策略。你试着采取行动，摆脱结构性冲突，但动机终究是你感受到的那种强烈冲突。的确，你可以进入另一个结构，由它帮你创造出你想要的成果，但你的动机绝对不是为了摆脱结构性冲突。为什么？因为创造与解决问题或消除问题截然不同。

第七章 弥补性策略

　　随后在这本书里面，我将渐渐帮你达成这种结构的转移。"救兵马上就来了。"当你越来越了解自己的创造历程和创造技巧，你将塑造出能够帮你达到真实与持久成就的结构。这种改变并非衍生自你对于任何事物的反应。创造历程不是你任何生活问题的"解答"。它只是一种创造方式，能帮你得到你想在生活中创造的事物。

　　从下一章开始，我们将探索创造者用来创造事物的结构，它是独立于结构性冲突之外的结构。这种新结构并非使用来回摆荡现象的解决之道，它独立于那种现象之外。这种新结构叫作结构性张力。

第八章 Structural tension 结构性张力

创造者不但能容忍落差,甚至喜欢与欢迎落差,因为落差中包含着能让你用于创造的力量。我把创造历程中最重要的结构称为结构性张力,它就是由"你想创造的"与"你现在所拥有的"之间的落差构成。

结构的改变

我们的生命结构是有可能改变的,但是如前所述,我们试图用来改变的大多数策略都只是在结构性冲突的架构里运作而已。因为结构性冲突无解,最终也没有趋于舒缓的可能,若只是在那结构中采取行动,只会有弥补性的作用,你终究只会来回摆荡而已。当这个结构具有主宰性时,我们还想要试着改变我们的行为模式,就等于是浪费时间。

为了改变这一结构,我们必须创造出另一个具影响力的结构,而且这个结构必须取代结构性冲突的主导地位,最小阻力之路也才能因此改变,让能量轻易地往这一条新的道路流动。

这个比结构性冲突更具主导性的结构具有以下两项特性:

· 它能够融合结构性冲突;

· 它能够把复杂的结构转化成简单的结构。

只有当这个地位较高的新结构能够把结构性冲突融入自身的时候,它才会变得越来越重要,主导性越来越高。尽管在向前运动的过程中仍会来回摆荡,但这只是地位较高的结构的正常震荡现象,它终将朝着舒缓稳定的目标迈进。

这个地位较高的结构必然是个简单的张力—舒缓系统,它具有舒缓的倾向。这一最棒的结构包含了一个最大的张力,但这张力的特色是最后将完全趋缓。创造者在创造历程中深知如何塑造这种结构,同时也懂得如何利用它的结构性特色,让这结构在趋缓的过程中帮他们创造出想要的东西。在这种结构中,各种力量将会一起合作,帮助强化创造历程,把所有能量都投注在成果上面,并且在张力趋缓的过程中持续创造动能。

我把这种地位较高的结构称为结构性张力。

结构性张力

结构性张力由两大元素构成:

1. 对于你想要创造的成就之愿景。

2. 对于你的现状之清楚认识。

在开启创造历程之初,"你想要创造的成就"与"你现在拥有的东西里面与那成就相关的部分"之间是有落差的。当你开始创造时,你想创造的东西尚未存在,它还只是个概念。创造历程中的技巧之一,就是落实你的概念。

上述的落差在创造历程中会扩大或变小。在迈向完成创造的过程中,落差会越来越小。若你与完成创造的目标渐行渐远,落差就会越来越大。

对于此落差,创造者的忍受力高于大多数其他人,这是因为,这种落差本来就是创造者必备的本领之一。创造时,他们总是必须运用各种落差来当作有力的创造元素,比如相反对照、相似性、差异性、时间与平衡等等,落差就是他们创造时所运用的力量之一。

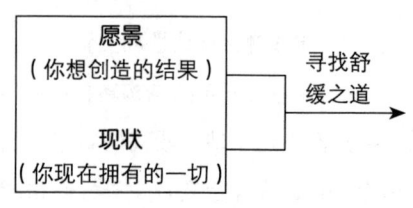

对落差不了解的人,如果落差大就常感到气馁,落差小就感到士气高昂。对于创造者而言,所有具影响性的力量都是有用的。如果落差较大,能运用的力量也大。如果落差小,在迈向创造成果的历程中就会有更大的动能。

人们有时候对于落差有既定的观念,认为它不是好东西。他们甚至会因为落差而产生情绪冲突。他们希望生活过得井然有序,不愿有什么地方出纰漏。但是,人生却有各种力量是朝不同方向前进的,创造历程也是这样。有些部分总是与其他地方不合,因此就有了落差。

创造者不但能容忍落差,甚至喜欢与欢迎落差,因为落差中包含着能让你用于创造的力量。创造历程中最重要的结构性张力,就是由"你想创造的"与"你现在所拥有的"之间的落差构成。

骨架与引擎

结构性张力是创造历程的骨架,也是创造历程的引擎,还有引擎的能源。

张力有奋力追求舒缓的倾向。就像一条被拉开的橡皮筋,其结构性倾向就是松开,或者让张力舒缓。身为创造者,你必须找出张力、善用张力,用张力尽情演出,调整张力,选定一个方向,让张力以舒缓为目标迈进。

塑造结构性张力的方式,首先是构思出你想要创造什么成果,然后好好观察你的现况,并且聚焦在与成果有关的部分上。

这描述起来很简单,但要做到却非常困难。结构优雅无比,切莫把它当成一个简单的概念。大多数人都无法轻易学会这个技巧。结构性张力不但是一种培养出来的技巧,也可以是一种后天的品位。

当你塑造结构性张力时,它有可能朝以下两个方向之一迈向舒缓:把你的愿景落实为现实,或是让你拥有的现状持续下去。

如果你无法忍受落差,你可能倾向于选择让张力立刻舒缓,让现有的环境持续下去,而非实现你的愿景。

"务实"的行事风格

若是你把愿景的层次降低,你就会让结构性张力变弱。如果你有所妥协,并未照自己想要的去创造,你等于是没让真实的落差出现,因此无法形成张力。我们这个社会常见的现象之一,就是对我们真正想要的东西有所误解。一直以来,人们所鼓励的态度包括"务实""实际"与"只能企盼能力范围内的事物"。讽刺的是,不管你如何误解自己的意愿,你就是会想要你想要的东西。

你不知道自己能成就什么。在开始前就放弃,是"务实"的吗?对自己说谎,是切合实际的吗?常有人创造出先前被认为不可能的成就,这种例子在历史上到处可见。

在创造历程之初,你只知道什么是有可能的。你不知道什么确定可能或不可能。某个成果看来有可能是你能创造出来的,但也许你终究办不到。某个成就看来似乎不可能,但也许你能办得到。

只有当你最后完成时,你才能确定某个成果是否有可能被你创造出来。除此之外,其他想法都只是臆测。

有些人深信,环境决定了我们能或不能创造什么。许多人之所以不创造自己想要的成果,就是因为抱持这种观点。然而,尽管你认为某个环境让你无法创造自己想要的成果,但就是有人曾经在相同的环境中办到过。

我并没叫你相信一切都是有可能的。所谓"新世纪运动"中较为愚蠢的座右铭之一就是,"你能拥有一切"。创造者不会把口号当成他们创造性生活中的重点,他们都知道自己不能拥有一切。有谁能够同时在两个地方出现,例如在伦敦同时又在墨西哥市?我们也都无法让时光倒流,无法让任何事物永远持续下去,因为任何有开始的事物就会有终结的一天。

如果你无法拥有一切,你该问的问题是:什么是对你而言重要的,重要到你愿意把它创造出来?创造者必先创造出一个优先顺序。创造者所创造的,都是相对来讲对他们重要的。创造者不认为"拥有一切"是重点。对他们来讲,"创造出最重要的东西"才是重点。

对现状"视而不见"

另一个导致结构性张力减弱的原因,就是对现状有所曲解。采取此策略的人,通常都是"空有愿景",但却昧于周遭的现实。真正有愿景的人都是因为这一类无所事事的梦想家才背负污名。梦想家就只会做梦,但创造者能够落实他们的梦想。唯有精确地掌握现状、掌握愿景,你才能够塑造出结构性张力,让它成为创造历程的重要元素。

当你把结构性张力塑造出来,并且维持住的时候,此张力就会朝着你想要落实的愿景趋于缓和。维持结构性张力的方式并非念咒语,而是要试着安排各种有影响的力量。前述的落差将能够衍生出一股能量,这对你为了落实愿景而采取行动时是有直接帮助的。

开始行动后你就会持续不断行动,即便你是朝错误的方向移动。而与完全不动相较,调整方向还是比较容易一点,它能让你达成最后的成果。如果你与愿景渐行渐远,你就必须让结构性张力增强。这会产生更多能量,进一步把你朝你想去的方向拉过去。如果你朝着你想去的方向前进,你就会制造出一股动能,想要落实愿景就更容易了。

一旦你塑造出结构性张力后,你自然而然会为了舒缓张力而采取行动。

第八章　结构性张力

进入创造历程后，从头到尾，你的行动都会受到整个结构的支持。根据愿景而采取的行动会帮助你朝着你想要的成果前进，包括那些不是那么成功的行动也是。

在创造历程中，你的经验越丰富，你就越有办法驾驭结构性张力。一开始，也许你只能创造出短暂的张力。只有你非常清楚自己想要什么、身在何方时，才有结构性张力。虽然短暂，但这些时刻却是你迈向自我发展的美妙第一步。在这些时刻里，你就像是个太极拳大师，让阴阳两仪维持完美平衡，因此内在的能量是从两个极端散发出来的。

当你利用自己的创造历程创造时，这些时刻会越来越长。你终究会生活在一个充满结构性张力的状态中。你会持续性地，自然而然地意识到自己身在何方，想要创造些什么。

跟任何学习过程一样，熟悉创造历程并非一蹴可及。你必须靠时间与经验才能上手。你的创造经验越多，你就越熟悉自己的创造历程。当你练习构思自己想要创造的东西，把概念变成愿景，并且进一步落实愿景时，你就已经开始运用创造历程的自然原力了。

当你在运用自己的创造历程时，也许你会发现自己难以看清现状，难以看清愿景，或者两者都是。"看清"是一种必须花时间培养的技巧，若需要学习，你就必须学习。如果你的构思能力尚待磨炼，就试着练习塑造概念。

如果你的客观与精确观察力仍有局限，就练习观察现状。

如果你的生活中存在着上一章提到的结构性冲突，你将会体验到某种程度的来回摆荡。但这种摆荡并不会阻碍你创造自己想要的东西。如果结构性张力已经是具有主宰性的结构，这个简单的张力—舒缓系统的主要运动方向将会是趋向舒缓。

上一章我曾论及几个针对结构性冲突而采取的弥补性策略，它们并无助于创造结构性张力。原因在于，如果你通过操控冲突的策略来弥补结构性冲突，你会倾向过于悲观地看待现实。如果你用的是操控意志力的策略，却又过于乐观，如果你用的策略是留在可忍受范围内的冲突中，你对现实的看法不管是好是坏,都会过于狭隘。任何有偏见的观点都会让你难以塑造或者维持结构性张力。

还有,如果你弥补结构性冲突的方式是曲解自己想要创造的东西,那也会使结构性张力变弱。

查理·基弗是从"创造技术"课程毕业的学员,后来与我共同创办创新顾问公司。他本身也是一位组织发展专家,对于这个议题,他的评论是:

不幸的是,因为生活在组织里,我们很容易与其他人一起共谋曲解现实。我们发展出一些大家都不说出来但共同遵奉的规定和准则,它们让人几乎无法说真话。例如,在大多数商业组织里,人们常为了争权夺利、求取个人的舒适和坏习惯而曲解现实。致力于创造取向的组织则认为事实高于一切。它们知道不该为了争权夺利、求取个人的舒适还有坏习惯而曲解现实。事实上,现实被当成了塑造结构性张力的关键。此外,为了建立互信,培养出一种以学习为基础的文化,人们必须正视现实——而任何具有创造取向的组织都不能缺少互信与学习这两个元素。

迈克尔·格雷塔(Michael Greata)是阿波罗电脑公司的共同创办人之一,并且兼任工程部副总裁,他说该公司之所以能够在1980年成立后从一个小公司发展成规模超过五亿美金的大企业,都是因为创造历程:

我们一起努力时所依据的是一个会被实现的愿景,只因我们说它会被实现。大家都相信愿景,也相信自己。

我们的愿景很快就被实现了,也历经了时间的检验。所有刚创立的公司一开始都有这个问题:"这会成功吗?"当你要创造全新的事物时,你没有任何既存的准则可以遵循。

强化张力的方式之一就是规定自己在多久的时间就改变现状、实现愿景,就像打扑克牌时提高赌注一样。

创造者知道如何驾驭结构性张力。当你开始对自己的创造历程有更多了解时,你就能"感受到"张力。我们将用接下来的两章深入探索结构性张力的两大要素:愿景与现状。

第九章

Vision

将概念化成愿景

概念与愿景之间是有差别的。先有概念,继而才有愿景。概念是笼统的,愿景是具体的。构思概念时,你还在用各种想法进行实验。一旦愿景成形后,处于创造历程的你等于是从笼统演化到了具体。

创造历程的最佳起点,其实就是终点。最后你想要获得的成果为何?这种思考方式帮你构思出自己想要创造什么,而且先不去想要用什么方式创造。

这种思维很可能跟你在学校学到的完全相反。传统教育体系教我们用实际程序来落实一件事。早在还没有学会想要做什么之前,学生就都已经学会了要怎么做。

怎么做事是一种知识,但是在还不知道要做什么之前就先使用那种知识,会让人有一种漫无目的的幻觉。有些名校甚至主张,学生只要熟悉了知识,自然就能有所建树。

第 1 部分　创造的要素

从零开始

构思想要创造什么的时候，你总是会从一张白纸、一面空白画布着手。既存的构想都是你曾有过的一些想法。当你构思新创意时，最好不要从以前想过、做过甚或别人做过的事物开始。每次进行新的创造活动时，都要重新构思。这种方法可以帮你大幅提升创造活动的效能。

当我构思我想创造什么的时候，开始时我总是假设一切都不存在。我完全不去想过去的一切。我只是聚焦在我希望能看到什么东西问世。我总是从零开始。

用画面来构思

通常我都会用视觉的方式去思考。我喜欢用画面来构思。一开始，我总是让画面整个空白，然后渐渐把我想看到的东西构思出来，形成完整的形式。即便是我在作曲时，脑海里也会有个清晰的画面。

近年来有个还算流行的大众心理学理论是这么主张的：有些人天生就对视觉比较在行，有些人则是听觉，还有人是肌肉运动的知觉等等。如果你发现自己难以用视觉来思考，也许会觉得自己在这方面永远有所局限。

有些人惯用某一两种感官知觉，但这只是他们的起点而已，并非终点。有些人天生阅读能力就比较好，但大多数人都能够学会识字。艺术家阿甘（Agam）认为有些人天生在视觉方面就像文盲。他帮孩童设计了一个课程，教他们视觉辨识力。他的理论通过了检验。通过学习，大多数孩子都获得了很强的视觉辨识力。

若能把你想创造的东西构思成画面，这对你有很大的好处。首先，当你把创造构想变成画面时，你就能同时将大量资讯融入画面中。这就像中国的那一句俗谚：“百闻不如一见。”很多难以用文字描述的信息，都可以靠画面来传达。你可以清楚看出结构中各种不同要素的关系。虽然只是简简单单的画面，但创造物的一切，包括形状、轮廓、设计、功能、印象、感觉还有鲜活度等，都能被呈现出来，变得具体而微。

用画面思考的能力奇妙无比，它让你能够从知识着手，而非从臆测开始。这是为什么许多专业创造者通常都如此有自信的理由。即便是最没安全感的艺术家，对于自己的视觉画面也都非常有自信。

你应该学着把想要的东西化为画面，这也许需要练习。当你开始试着用画面来构思时，你将能够厘清你自己想要的成果是什么。

用想象的方式，从各个角度来检视你想要的成果。试着添加新的元素，试着把某些元素删掉。从里里外外、上上下下等角度远观或近观它。在你练习改变观察角度的过程中，你会越来越了解自己想要创造的东西。有时候你会感到诧异，大部分时候则不会，但你总是能够更了解自己的概念。

概念该有多清晰？

对于你想要的成果，你该了解到什么程度？答案是，一旦你达到了那个成果，你就能认出它来。有些人认为，如果原创概念不够清晰，就会影响到落实概念的能力。很多叫作"自助手册"的书籍都是这么说的，但它们都不是真的论及创造历程，书里面讲的大多是教人如何改造心灵，但这两者之间截然不同。

改造心灵的理论认为，若要获得创造成果的创意与能力，必先学会控制或者释放"庞大的心灵能力"。这是一种强迫潜意识的手法，其功能是让我们的心灵能力聚焦在自己想要的成果上。

这一类理论都认为我们是自身思维的产物，我们能获得什么成果都取决于自己的心灵，基于这一指导原则，当你要改造自己的心灵时，若你能清晰掌握自己想要创造什么，就等于手拥利器。也就是说，你的概念越清晰，心灵所接收到的信息就越强烈。但是在创造历程中，我们并不会用清晰度来当作衡量标准。只要成果达成时你能够立刻就知道它，那就算是够

第 1 部分 创造的要素

清晰了。

想想艺术家都是怎样创作的。有些画家压根儿不知道画作最后会是什么样子。他们会即兴作画，持续进行试验。他们会边画边看。也许他们并不知道最后作品的颜色为何。甚至他们还会对作品的最后形式感到讶异。这就是所谓的"信手拈来随便画，直到画出有价值的东西"。

并非如此。如果是这样，画家就不知道要怎样朝自己想要的方向去创作自己的画作了。调整都是随兴的而非刻意的。

20 世纪 60 年代的一个关于猴子的实验可说是"随兴"的典范。有人把颜料、画笔与画布交给几只猴子。它们把这些东西拿来玩，画出了一系列作品。研究人员把作品装上画框，签上名字，将其中几幅拿到艺坛上发表，说是新的艺术发现。一开始他们就刻意隐瞒那些作品是猴子画的，结果画作备受好评。

"画家"的真实身份揭露后，某些贬低现代艺术风格的人乐不可支，他们用这一则故事来证明抽象画并非艺术。

社会大众对于丑闻感到兴味盎然，而这个故事就是丑闻的最佳题材。毕竟，难得有机会能看到这些来自象牙塔的专家们出糗。人类本来就喜欢看"专家们"被自己的"专业"搞得晕头转向——特别是那些没有幽默感的画家。

但是，且慢。让我们重新思考一下"猴子画家"的故事。尽管有点荒谬，但有些值得我们玩味的地方。首先，这是一个让猴子动手画画的概念。

其次，这是一个让它们自己选择颜色的概念。而且，决定在哪几幅画上面签名并且装框、哪几幅不予采用的是人类。这是一个基于一般价值与美术价值概念而做出来的决定。就整个创造历程而言，这些猴子们的涂鸦（我想它们应该是随便乱画的，如有冒犯之处，我该道个歉）只是创作那些画作的一个部分而已。创造历程的绝大部分都不是随兴之举。许多最后的成果都是来自人类概念、抉择与衡量。

当我们在决定最后成果的性质时，有些衡量标准是一般性的，有些则

第九章　将概念化成愿景

比较具有个别性。如果你想盖一间房子，也许你对于房子有多少面积、有几个房间、在哪里盖、价格位于什么范围、有哪些邻居、当地校区如何、房间采光如何等等，应该都有一般性的概念，但是并不知道符合这些条件的房子看起来会是什么样子。尽管你还不是很清楚房屋的真实样貌如何，脑海里应该可以轻易勾勒出一个画面。事实上，应该有好几种房子都符合这些条件。

尝试即兴手法的画家也许并不清楚画作的最后面貌为何，但是对于自己想要表现什么却有清晰无比的概念。就此而论，画作本身也只是创造历程的一部分，作品表现出来的力道才是最后成果。

杰克森·波拉克（Jackson Pollock）在画坛向来以"动态绘画"著称。他常用的画法就是在画布上泼洒颜料。

当然，在泼洒的那一瞬间，他并不知道颜料会洒成什么样子。把那么多创作空间留给了机遇，他对于自己想要的成果真有那么清楚吗？

事实上，他是一清二楚的。他的写生簿里满是铅笔画与水彩画，其风格与自己的"动态绘画"作品非常相似。如果按照时间先后来审视他画的东西，我们可以看出他的概念是随着时间演进的。如此一来，他的那些"泼墨画"就变得完全可以理解了。

波拉克所采用的，是一种叫作"创造仪式"的作画手法。他认为，伟大的画作应该试着呈现复杂的结构性关系。作画前，有时候他会花好几个小时运算代数题目。进行创作的准备工作时，他会全神贯注地聚焦在数学结构上。然后，他会突然开始动手，用颜料即兴创作。他的作品之所以能用极具震撼力的方式来均衡呈现结构与火花、心神与灵魂、理智与情感，这也许就是原因之一。

我曾跟一位画家朋友讨论过波拉克。我的朋友说："他的作品当然会充满震撼力，他是个好画家，他知道自己想画什么。"这说法极具说服力，波拉克的愿景清晰，也有把愿景落实的能力。除此之外，还有更棒的创造历程吗？

在 1952 年的一次访问中，波拉克被问到他作画的过程：非得要那种方式才能呈现出他的艺术吗？"那种过程只是达到目的的手段——目的就是创作我想要画的东西。"波拉克答道："过程本身并没有任何意义，只是一种创作出那种作品的手法而已。"

当你开启自己的创造历程时，切记没有任何一条创造之路是"正确的"。无论是作画、作曲或者开创人生，都没有所谓"正确的"方式。你的所作所为大多取决于你的个人风格、偏好、价值与欲求。当你在自己的道路上进行实验时，你会成为自己的创造历程专家，而这才是生活中唯一与你直接相关的事。

从概念到愿景

概念与愿景之间是有差别的。先有概念，继而才有愿景。概念是笼统的，愿景是具体的。构思概念时，你还在用各种想法进行实验。你会试着让各种各样的可能性在脑海浮现，你也许会打坐、沉思、走路、仰望天空、看电视、洗个热水澡（我个人最爱做的事情之一）、睡觉、做梦、与朋友聊天等等。就某方面来讲，构思概念的阶段给人一种在玩的感觉。你像是用你的概念在玩。把它变来变去。让它暂存在你脑海的想象空间里。你是如此熟知你的概念，不管你喜欢或不喜欢的部分，你都非常清楚。

一旦概念成形后，下一步就是将它具体化。这其实就是聚焦在概念上。既然有那么多种方式可以表现出概念，你想要用哪一种方式呢？这一概念阶段的原则同样也适用于稍后的愿景阶段。只要你创造出愿景时，自己立刻能知道就好——这是愿景所需要的清晰度。但概念与愿景之间的最主要差异为何？差异是焦点，而让你有办法聚焦在愿景上的是限制。当你通过聚焦在概念上而把概念变成愿景时，你就是把许多种表现方式限制为某一种方式。所有的愿景都是概念，但并非所有概念都是愿景。

在概念阶段，你会用各种可能性来尝试构思概念，但是到了愿景阶段，

第九章　将概念化成愿景

你必须选择唯一的一种可能性。

一旦愿景成形后，处于创造历程的你等于是从笼统演化到了具体。这种演化的步骤在艺术与科学里四处可见。电子学的通则可以被应用于微型芯片与半导体等具体的形式上。建筑的通则可以被应用在纽约世贸中心大楼的具体形式上。混合各种香料的通则可以被应用在红酒炖鸡这道法国菜上面。航空动力学的通则可以应用在 747 喷气飞机的具体形式上。

想象一下你自己是建筑师，你可以兴建任何一种房屋。首先你需要通晓关于房屋的笼统概念：它该多大？要用什么建材？地点应该在哪里？预算多少？这些是能帮你形成笼统概念的一般性问题，但是回答这些问题后，你还不算是有了房屋的愿景。然而，一旦你的笼统概念成形后，你就能轻易地开始具体起来：房屋要用什么风格？整个地方给人什么感觉？有多少房间，房间如何配置？厨房在哪里？是现代主义？新艺术？是传统的还是太空时代风格？

当你的概念越来越清晰，具体的房屋画面就开始浮现在你的脑海了，你想要盖出什么房子完全取决于你自己。

在"创造技术"课程的第一堂课上，我们总是设法让学员掌握这一原则。首先，他们先构思出自己想创造什么成果，让自己的脑海里有几个成形画面。接着，他们把那些画面用文字描述出来。写下来后，他们用概念来做实验。他们重新构思，让新的画面成形。当他们这样练习时，概念变得越来越清晰而详细。他们开始"有感觉了"。不久后，对于自己想要创造的成果，他们已经有了一个具体的愿景。

某位学员先构思出某间度假屋的笼统概念。当他让画面出现在脑海里时，他又加上了更多细节。他加上了水边的场景，然后他决定他也要树林。他试着想象温暖的气候。接着是山区的场景，他比较喜欢山景。他又加上一些条件，附近有店铺与各种服务。一开始他想的是小木屋，接着他希望能有更多房间。度假屋变两层楼了，他加进了越来越多细节。到了练习结束时，他已经有了想要的成果的愿景。到课程结束时，他已经买下了一间完全符合其愿景的房屋。过去他只是做白日梦，想要有一间度假屋，但这只是胡思乱想而已。他并未让概念成形。只是，等到他开始把笼统的概念变成具体的愿景时，他已经是聚焦在自己的创造历程上了。他越来越能看清自己想要什么，这一技巧与"创造技术"课程的其他技巧帮他创造出了他想要的东西。

有个女学员的笼统概念是想要创业。她的脑海开始出现画面。一开始，她在塑造笼统概念时有点困难，因为她不断把自己已经知道的事业跟她想要的事业混在一起。初学者常犯这种错，他们并未用"从无到有"的方式构思概念，而是把已经知道的跟想要的混在一起。几经尝试，她总算摆脱了既定概念，重新开始。她开始用画面来想象自己喜欢做什么生意。接着她想她要有一些员工，然后她想象自己成了独立的女商人。逐渐地她让那概念的细节越来越多，试着想象生意的不同面向。

在逐渐概念化的过程中，画面越来越具体。一开始她想的是服务业，然后她试着想象制造业。接着她想象的是自己开店。随后她决定自己比较偏好服务业。她开始让概念围绕在旅游上面打转。几分钟过后，具体的事业愿景就成形了：她想开一家旅行社。这对她来讲是个新构想。在她把概念变成具体愿景的过程中，她已经踏出第一步了，随后才有如今那一家生意兴隆而且非常独特的旅行社。

从概念到愿景间的"过渡期"

当你在塑造愿景时，同时你也是在教自己熟悉那个愿景。这期间，从概念到愿景之间有个过渡阶段。一开始你试着去考虑构想是否合适。你的脑海里如天马行空，有各种想法。你越来越了解自己喜欢什么，不喜欢什么。

也许你会爱上某个构想三四天，但是到周末时发现自己已经完全对它感到厌烦了。一开始你可能小看了某个构想，结果却发现它持续发展，直到你喜欢上它。当你把想法概念化时，你就是在学习。你所学的一切都有助于直接创造出你的愿景。

有些人在创造历程的阶段里就开始入迷了——就这个阶段而言，你可能迷上了天马行空地乱想，结果未能把概念变成愿景。如果你想要从笼统演化到具体，在这个学习过程中，你终究一定要选择。当你聚焦在概念上的时候，你必须有取有舍。这是身为创造者的一个重要行动。最伟大的创造者都知道该取什么、该舍什么。有个作家朋友曾跟我说："为了完成我的某些书，我必须把一些最棒的句子拿掉！"

在概念与愿景的过渡期中，你开始培养出对于取舍的直觉。

愿景成真

到了过渡期的某个时间点，愿景会变成真实的存在物，它会变成一个独立于你之外的存在物。它的确是你的愿景，但它拥有了独立于你的生命。许多小说家曾说过他们构想出来的角色变得活灵活现了起来。令他们感到讶异的是，他们常发现那些角色似乎在情节中有自己想做的事。有时候，情节的原创性就是取决于那些拥有自身个性、价值与动机的生动角色。小说家引领着这些角色在故事里自我发展，但有时候对于角色的作为，他们跟读者一样感到讶异不已。

塑造愿景时，它只会在某个时刻变得具体起来。这就是我所谓的"具体化过程"。我可以想象沃尔特·迪士尼（Walt Disney）刚开始一定是用老鼠的概念尝试各种可能性。接着他对这只老鼠有了一些想法。老鼠开始有了个性。迪士尼给了老鼠一个名字。它叫作蒸汽船威利（Steam Boat Willy）。他让这只老鼠出现在卡通片里。他喜欢这个小角色，但不知道为什么它的名字与个性好像就是不搭。迪士尼帮它改名为米老鼠，随后建立起自己的卡通王国。

米老鼠的形式几经改变，最后才成熟定型。它的第一个角色是汽船威利,当时它瘦瘦的,鼻子长长的。20世纪30年代至40年代之间,它的鼻子越来越短,也越像纽扣。它的肚子变大。它的声音改变了。它变得更可爱。它与真的老鼠越来越不像。它的卡通世界从黑白变彩色,卡通动画也从简单变得越来越精细,就是后来我们在《魔法师学徒》(*The Sorcerer's Apprentice*)这部卡通电影里看到的模样。

它与其他角色的关系也改变了。它养了一只宠物狗,交了一个女友以及几个迷人的笨蛋朋友。到了20世纪50年代,它有了一个每天播出的电视节目,许多有天分的小孩都是它的学生。接着,迪士尼的大型主题乐园问世,由它扮演园中要角。后来,来自世界各地的人都爱上了这只米老鼠。

米老鼠的成熟过程其实多少有点像我们人类从童年、青少年到成年时期的发展。它的寿命甚至比创造出它的人还长。

当你的愿景变成实际存在物的时候,你跟它之间的关系可能会变复杂。你扮演的是爸妈的角色,它是小孩。你是它的支持者,也会批评它。你同时对它感到很热情,有时则是冷眼旁观。

你的人生也是创造出来的

常有人把他们的人生当成自己创造出来的。我并不鼓励你用创造者对待愿景的方式去对待你的人生,但是你的人生的确有可能是你创造出来的。如果你不只是反抗或顺应环境,你的人生将会截然不同。你自己的人生也可能成为独立于你之外的真实存在,若真如此,你就可以用自己想要的方式去塑造它,改变它。当你能做到时,你可以尽情把自己的人生发展成独立于你的存在。你可能会成功或失败,但不会因此出现认同危机。

当你的愿景开始独立于你而存在时,起初你也许会觉得不太正常。但这就像你与另一个人变熟稔的过程。一开始你对对方会有第一印象。假以时日,你越来越了解对方。甚至,认识自己的愿景以后,过了许多年你才诧异地发现它有一些新特色。

第九章　将概念化成愿景

"愿景"关系到你想要什么

常常有人不问自己想要创造什么成果，只会自问如何获得成果，如何解决问题。当我帮各类组织开展咨询工作时，"你想要创造什么成果"这个问题让许多经理人都备感为难。他们给的答案通常模模糊糊，一点也不直接，并未真正表达出他们想要什么。有时候他们说出来的是一个他们甚至无法说清楚的问题之解答，或者是他们认为自己需要的做事方法。例如：

我们需要一个可以研发出评估方法的系统，借此帮我们评估客户可能觉得什么是有帮助的。

我们需要一种能帮使用者在非传统媒体上营销的营销手法，并且为未来的使用者提供案例。

我们想要找出策略目标，让我们能重整各部门，加强在市场上的竞争力。

如今，不论规模大小，我们常听见公司内部有人说这种话。最流行的管理技巧就是为组织的目标或使命下定义，而描述的内容通常模糊含混。但许多组织内的团体还是持续撰写类似的使命宣言，只因这已经变成了企业文化的一部分。根据使命宣言，他们拟定了目标，设计了战术，分配了工作，安排了会议，但成果却很有限。为什么？因为这些人仍不知道自己要的是什么。我常常花很多时间与大公司高管合作，帮他们描述他们想要什么成果。

是因为这个问题真有那么难吗？不是。是因为许多高管没有养成习惯，把他们"想要的"跟他们"认为可能的"分开来。他们身上的另一个包袱，是过去他们所受到的管理学训练老是喜欢使用含糊的语言、不清楚的概念、心理学的管理教条，受限于反抗—顺应取向。

查理·基弗用以下文字来描述组织里的这种情况：

不幸的是，事实上，在现代美国商场上，大多数的计划都是从反抗—顺应取向的角度去制定的。各个组织透过精巧的方法来确认自己所面临的现状。各组织打算盘时所根据的，是现有的财务状况、人员数量，还有目前可以创造出来的产品。它们仔细检视包括竞争对手的能力与可能的回应，还有可能会采取的立法行动等等。将这些要素拿来进行彻底与完整的分析后，各组织接下来进行的是几近悲剧性的步骤：根据环境因素规划出能让公司表现最大化的行动。基本上，这些组织总是会说："从这些环境因素看来，我们最多可以做些什么？"

想象一下，如果组织内部的人可以通过创造取向来采取行动，结果会怎样。他们会先做规划，一开始是先决定想要创造什么，因此基本上会变得认真面对自己。接下来，他们会分析现状（也许分析的方式跟过去一模一样）。然而，此刻他们只是用分析的结果来搭桥造路，借此通往自己真正想要的结果。这就是组织迈向卓越的道路。

知道你想要什么

借由以下几个原则，你就能经过多番尝试，构思出自己想要创造什么。

1. 扪心自问："我想要什么？"

令人感到诧异的是，人们常常不会自问这个极其浅显的问题。无论什么时候，你都能自问这一问题。如果你没有要试着解决任何问题，或者决定用什么方式去做事，你也可以这样问自己。试着练习在各种处境中自问这个问题，不要等到了关键时刻再问。如果你养成了自问这个问题的习惯，你会变成非常本能地知道自己想要什么。即便过去你总是优柔寡断，随着累积经验后，你会变得较为果断。

知道自己想要什么的话，你将会有两大优势。你不但有办法很快就集中注意力，也能够精确地把观察到的事实告诉自己。

每当你感到困惑时，你都可以借由提出与回答这个问题来厘清现况。之所以会感到困惑，通常是因为你聚焦的是做事的方法或问题的解决之道，反而看不见自己想要去哪里。当你正在考虑自己想要什么的时候，因为全神贯注在你想要的成果上，困惑也随之烟消云散了。当你感到困惑时，通常你困惑的不是要去哪里，而是要怎么去。如果你在还不知道自己想去哪里前就先试着找出前往的方法，当然会感到困惑。

当你感到不知所措时，实在是因为吸收了太多信息，无法一起处理。这就像是你站在一个错综复杂的交叉路口，不知该往哪个方向走，而这也是为了创造自己的未来而出现的无力感。此刻，因为事情杂乱，让你有力不从心之感。当你把焦点投注在想要的结果上，那些似乎多到让你觉得难以承受的信息自然会变得井井有条，并对你产生助力。

事实与臆测之间可说有天壤之别。当你决定了你想要创造的成果时，"你想要那个成果"这件事就变成事实了。有时候人们以为自己已经决定要什么了，所以选择的是做事的方法，其实这就是一种假设。当你选择的是做事的方法，你只能臆测自己想要什么，对于你真正想要创造的成果没有帮助。当你自问又回答了"我想要的是什么"这个问题时，你所创造的就是个事实，而非只是模糊的臆测。

2. 想清楚你要什么成果，不要受怎么达到成果的影响。

当你先考虑怎么达到成果，而非成果是什么的时候，你等于是把构思自己想要什么的能力局限于你已经知道怎么做的事情上面。但是，创造历程应该是让你用来发现各种你不知道的事物。只会思考"怎么做"，而不是思考"做什么"的人实在是画地自限。这是追随前人脚步的好方式，但却无法让你有创新之举。

创造时，你将会需要思考创造方式的问题，但这应该是等到你知道自己想要什么成果之后。事实上，在从现状迈向愿景的路上，你很可能会惊讶地发现自己能够发明出很多聪明的创造方式。

有时候，你想要的成果其实只是某个历程中的一道步骤。对于许多人来讲，金钱并非成果，而是帮他们达成真正成果的过程。对于某些人来讲，个人关系并非成果，而是迈向自我圆满或实现的过程。

如果你发现你想要的成果其实只是另一个最终成果的垫脚石，你就要找出最后的成果是什么。你想要拿钱来做什么？你想要透过个人关系达到什么？最后的成果是一个独立的存在，就算它可以帮你达成另一个成果，这也并非它的存在目的。

3. 想清楚你要什么成果就好，不要管可能性的问题。

为了构思你真正想要创造的是什么，你必须把"你想要的"跟"你认为是可能的"区隔开来。1903 年，莱特兄弟打造出他们的第一架飞机，科学界与科技界都认为那么重的机器不可能持续凌空飞翔。莱特兄弟当然不是从看来可能的事物里面去思考两人要做什么，但他们有非常清楚的愿景。如果你发现把自己想要创造的成果局限在你觉得可能的东西里面，等于是限制与妨碍了自己的愿景。如果你只是因为某些事物似乎不可能，就不愿承认它们是你想创造的，实际上你就是扭曲了事实。

测谎仪所测量的是人们所承受的生理压力。当你对自己说谎或扭曲事实，你就是对自己的身体施压。持续扭曲自己的欲求，累积多年的压力可能会让你的健康亮红灯。对自己说谎总是会毁了你与自己的关系，导致压力产生，并认为现实具有潜在的危险与威胁。

我曾为美国的慈善组织复活节封印基金会主持过一次研讨会。与会者都患有肺气肿、肺癌与气喘等肺部疾病。研讨会中某个群组设定的目标是让与会者把他们真正想要的跟他们认为是可能的东西区隔开来。

做这种练习时某位老妇人的问题特别大。

"别忘了，这个练习是要帮你把你想要的跟你觉得是可能的东西区隔开来，"我对她说。"那么，你想要什么？"

"我不能说，"她回答我，"那真的是不可能的。"

"呃，"我说，"暂时别考虑可不可能。你想要什么？"

"我不能说我想要什么，因为我永远也没办法拥有。"

"我可以说出你想要什么，"我说。

"你可以？"

"当然，"我回答她。"你要的是健康。"

"但我永远也不可能健康了。"

第九章　将概念化成愿景

"但那不是你想要的吗?"

"但我永远也不可能健康了,"她又说了一遍。

"呃,"我问她,"如果我是个魔法精灵,把魔杖一挥,就能让你完全健康,你愿意吗?"

她顿了一下,静静地说,"愿意。"

"如果你愿意,"我补充说,"那你一定是想要。尽管你觉得似乎不可能——就算你觉得根本不可能,你还是想要自己健健康康的。"

"没错,"她说,"是这样。"

"所以,现在跟你自己说,事实上你想要什么,"我说,"跟自己说自己实际上想要什么,从来不是错的,就算你认为你不配拥有。"

她顿了一下,然后低头看看地板,静静地说,"事实上,我的确想要健康。"

"说出来后,你有怎样吗?"我问她。

"我真是不明白,"她回答我,看起来跟先前完全不一样。"我觉得身体比较轻了,好像肩头的重担不见了。我觉得神清气爽。现在好像体内有能量在流动一样。"

过去,她因为曲解了自己对于健康的欲求而觉得有负担,如今不管她是否持续疾病缠身,再也不用背负那种压力了。因为否认自己其实想要健康,她背负了无形的压力,而那对她当然是不好的。

很多人都有办法克服严重健康问题的阻碍,理由在于他们非常清楚自己想要什么,其中不乏知名案例,案例多到我们可以说奇迹式康复是可能的。

绰号"宝贝"的迪德瑞克森·札哈里亚斯("Babe" Didrikson Zaharias)是知名的奥运选手与职业高尔夫球球员。她因为疾病而跛脚后,医生说她再也无法走路,更别说打高尔夫球了。于是,她创造出一个打职业高尔夫球赛的愿景来存活下去,还打了好几年高尔夫球锦标赛。海伦·凯勒(Helen Keller)于婴儿时期就因为生病而导致眼盲耳聋,许多专科医生都认为未来她不可能对社会有任何贡献。但是她的老师安·苏利文（Anne Sullivan）的愿景却是希望海伦能用特别的方式与人沟通，当个负责任的人，接受教育，并且服务社会。如果你对自己说谎或者扭曲事实，不愿正视自己想要的东西，类似的惊人改变发生的概率就比较低了。

就像研讨会上那个女人描述的那样，当人们能对自己说出实际上想要的是什么，常常就会觉得身体变轻，感觉身体有能量在流动。

一位住在纽约市的"创造技术"课程的学员曾给一位戏剧经纪人当过九年的助理。先前老板曾经承诺发股票给她，但一直没拿到。她怀孕了，没办法再工作。上"创造技术"课程的时候，她听说有个助理戏剧经纪人的职务空缺。尽管她怀疑自己怀孕后是否还能做好工作，但还是去面试了。

结果，那一位经纪人喜欢她在家里工作的提议，录取了她。此外，那个经纪人还给她一间办公室，让她偶尔可以去工作，薪水也是先前的三倍。几个月后，她获得提拔，成为该公司的合伙人。若是她没有把她想要的与她觉得可能的东西区隔开来，她根本就不可能达到这些成就。

一位来自亚特兰大的家具工人在上"创造技术"课程期间决定拓展他的家具店，更新设备，并且与别人一起合作。他觉得这似乎不可能办得到，但他还是想这么做。上完课程后，五个月内他就取得了一份金额将近百万的大型合约。他不但将设备全部换新，还招聘了新工作人员。挣扎多年后，这一切还是发生了。如果他把自己的抱负局限于看来可能实现的事物上，他就没有办法创造出这等成就。

精确地把你想要的成就勾勒出来是一门艺术，它始于你有办法抛开可能性的问题、确定自己想要什么的时候。

愿景是一种组织性原则

在与一群艺术家谈话时，毕加索陈述了作画时的原创愿景对于最后成果的影响：

作画时如果能够把过程记录下来，一定很有趣——不是画作完成过程中的各阶段，而是它蜕变的过程。我们就可以看出一个画家的心灵如何为梦想找到出路，逐渐将它实现。但非常重要的一件事是，我们必须看出画作基本上并未改变，尽管外表看来有异，但最初的愿景仍是一样的。

愿景自有一股力量，因为透过愿景你能够轻易地摆脱平凡，追求卓越。愿景能让你的行动有组织，聚焦在你的价值上，并且清楚看出现状中有哪些部分是与愿景相关的。

罗杰·塞欣斯曾描绘过贝多芬的音乐愿景对他作曲的过程产生了什么影响，他写道："等到愿景完美地实现时，他绝对不会有所疑虑，而是念头一闪，就确认了那是他想要的。"

塞欣斯接着表示："愿景关照着整体，愿景扮演着突出的角色，而且看起来越来越像创造行动中不可或缺的一部分。"

愿景也有一种魔力。之所以叫作魔力，是因为创造者虽然没有看见整个创造过程，但是却能够一眼看出创造结果是怎样的。

据罗杰·塞欣斯的观察，贝多芬在创作时并未强烈地意识到他的构想与创作过程，只是任由愿景的引领，持续走下去。"通常来讲，"塞欣斯解释道，"直到整个过程结束后，他才意识到思想的来龙去脉；最常出现的状况是，作品完成后，连他自己都不是马上看得懂。"

贝多芬的愿景好像让他的心里多出一双眼睛，带着他创作出最后成果，许多作曲家都曾表示自己有过这种对自己的作品感到赞叹不已的情绪。愿景像一双眼睛，可以看出哪里还没有到位，可以超脱现状，看见还有所欠缺的地方。像这样能够超脱现在与过去，从未知的境地构思出尚未存在的东西，这是人类的禀异天赋。

伟大的20世纪作曲家卡尔海因兹·斯托克豪森（Karlheinz Stockhausen）曾写道："我们必须暂时闭上双眼，仔细倾听。总有些天籁是没有任何人听过的。"

第十章 Current reality 勇于面对现状

认清现实有两种截然不同的方式：有人是因为生活所迫，被迫去接受现实，也有人用主动的方式去接受。当你试着去认清现实、了解何谓现实时，你才能够创造出对自己而言真正重要的事物……

不要睁眼说瞎话

某天有个男人早上醒来后深信自己变成了僵尸。他跟老婆说自己变成了僵尸，她觉得这想法实在太扯，想劝他别闹了。

"你才不是僵尸，"她说。

"我是僵尸，"他答道。

"你为什么觉得自己是僵尸，"她无奈地问道。

他认真地说："你不觉得僵尸都知道自己是僵尸吗？"

他老婆知道这样不会有什么结果，于是打电话给婆婆说发生了什么状况。婆婆

第十章　勇于面对现状

试着帮忙。

"我是你妈。难道我生出了僵尸，自己却不知道吗？"

"你不知道，"他解释道，"我是后来才变僵尸的。"

"我养大儿子不是为了让他变成僵尸，或者特别希望他是僵尸，"他妈拜托他别闹了。

"但我就是变僵尸了，"他说，妈妈的亲情攻势无效，诉诸他的罪恶感也没有用。

后来，他老婆请牧师来跟老公谈一谈。

"你不是什么僵尸，可能只是出现中年危机而已，"过去这位牧师总是想当个心理学家，一开口就是行话。

"僵尸才不会有中年危机，"那个男人一句话就把他顶了回去。

牧师建议找人帮他做心理分析。妻子帮他挂了急诊，一小时后她丈夫就到了心理医师的诊所去了。

"你觉得自己是僵尸？"心理医师问道。

"我知道我是僵尸。"那个男人说。

"你觉得，僵尸会流血吗？"心理医师问他。

"当然不会，"那个男人说，"僵尸是活死人耶，不会流血。"心理医师的高傲态度让他有一点生气。

"嗯，那你看看，"心理医师说完后拿起一根大头针，在那男人的指头上扎了一下。那个男人惊讶不已，三四分钟都没讲话。

"我现在才知道，"几分钟后那个男人终于开口了，"原来僵尸会流血耶！"

曾经有一头狮子遇到一只猴子，狮子觉得这是证明自己"丛林之王"地位的良机。

"嘿，猴子！"狮子咆哮道。

"小的在，大王，"猴子用颤抖的声音回答。

"谁才是丛林之王？"狮子咆哮的声音更大了。

"这还用说吗,当然是您啊!"

"你可别忘了!"狮子说,心里感到志得意满。

稍后,狮子遇到一匹斑马。

"嘿……斑马!"狮子咆哮道。

"小的在,大王,"斑马用带有鼻音的声音回答。

"谁才是丛林之王?"狮子持续咆哮着。

"是你啊,大王,就是你,"斑马嗫嚅地说,装得很热情。

"你可别忘了!"狮子咆哮道。

稍后,狮子遇到了大象。"嘿,大象,谁才是丛林之王?"狮子用最凶狠的口吻吼叫咆哮。

大象不发一语,只是用象鼻把狮子卷起来,往一棵树丢过去。然后它朝狮子走过去,踩住狮尾。然后又把狮子卷起来,往地上一摔。

大象走开时,狼狈的狮子抬头大叫:"嘿!不知道答案就算了,干嘛抓狂啊!"

要某些人面对现实很难。这件事看来似乎应该很简单,只要认清明摆着的事实就好了。但是小时候我们都有说真话但大人却叫我们闭嘴的经历。

"奶奶家里有怪味。"

"住口,别说那种话。"

小孩之所以学会说谎,原因在于那是避免与权威人物发生冲突的方式——那些人的体型与体重通常都是他们的好几倍。

"你进去过我的衣橱吗?"

"呃,没有啊。"

"那我的衣橱里怎么会有你的口香糖包装纸?"

"呃……我也不知道。"

"你的功课做好了吗?"

"喔,我做好了,可是不小心留在校车上了。"

"这是你这礼拜第三次没有带功课回家,而且每次都用一些烂理由来推托。"

"呃……我的功课就是会遇到奇怪的状况，我也不知道为什么。"

"你昨天是几点上床睡觉的？"

"没有很晚啊。"

"欸，我刚好知道时间，那时候已经是凌晨两点半了！"

"是喔！感觉起来没那么晚。总之啊，就汽车爆胎了。不过，既然你知道时间，还问我干嘛？"

"我只是在想你有没有自知之明！"

"嗯……呃……我不知道已经那么晚了……因为我的手表坏了。"

"手表给我看看。"

"我，啊……我找不到手表。"

"那你手腕上戴的是什么？"

"喔……这是……这是另一只手表。"

到了长大以后：

"你知道你的车速有多快吗？"

"是喔，我超速了吗？"

"测速枪显示的是时速七十五英里。"

"我真的没感觉到有那么快。也许是我的时速表坏了。"

给我个好理由

不说实话的人通常会落入自欺欺人的处境里。例如你跟人有约，迟到了，于是就在路上想出一个最好的借口。等到你抵达时，你不只已经准备好搬出理由，几乎连自己都信以为真了。为了避免自身行动产生负面效果，我们采取的策略通常就是避免说真话。

我们的社会向来看重理由与借口。大多数人都认为，只要他们为自己的失败找好理由，有时候就能避免一些负面后果。许多人曲解真相的方式是丢出一颗烟幕弹，用许多似是而非的理由来自欺欺人。

第 1 部分　创造的要素

　　有些人则是觉得,当自己生病时,别人比较不会怪他们。所以他们通常会装病,让自己有合理的借口可以不用达到预期的水准。

　　也有人用情绪不好为借口,说"不要在我心烦意乱的时候叫我为什么事负责"。

　　某些人为了解释他们的行为,常常宣称自己是"受环境拖累"。"听我说,我也很想去参加莎拉的生日派对,但是正要离开我家时,我老板就打电话来了。你也知道他有多喜欢聊天,所以我就被他的电话缠住了。你要我怎么办,不管自己的饭碗吗?"

　　旧金山市议员哈维·米尔克(Harvey Milk)与市长乔治·莫斯科尼(George Moscone)遭到枪击身亡时,凶手丹·怀特(Dan White)宣称当天他的血糖太高,这就是知名的"甜点抗辩"。大家都把他的抗辩当成一回事,怀特因此获得轻判。

　　在面对这种不负责任或造成重大伤害的行径时,居然能找出那么多出理由与借口,这就是我们的社会为何不可能发挥潜力、达到伟大成就的原因。

　　但是艺术家必须达到的向来是人类的最高标准,在这样的传统中,借口是有效或者必要的吗?就算搞砸了某次演出、拍出了烂片,创作的画作、唱片、剧本、小说或者诗作表现不佳,我们也很少看到有艺术家搬出借口来帮自己开脱。

　　有些人无法达成自己想要的成果时,似乎就是喜欢编造一些戏剧性的理由。他们不勇敢追求自己想要的,但却很爱说东道西,解释自己为什么"办不到"。

有了理由才能面对现实

　　有时候如果你能了解自己失败的理由,就能调整行动,创造出最后的成果,但是这与失败时为自己找理由是截然不同的。找出自己的行动有何成效，是一种学习经验，而非试着解释自己为什么没有成功。例如，当"挑战者"号航天飞机爆炸、航天员全部殉难时，找出原因是很重要的工作。这至少能达成两个目标：首先是纠正未来的错误，确保以后的太空探险任务安全无虞；其次则是有助于舒缓因为悲剧而造成的伤痛。挑战者号爆炸前不久，那些航天员才刚刚出现在电视转播的画面上，向世人挥手道别，我们很难接受一批能人志士就这样永远离开世间。看到我们这个时代中一群最优秀的人才如此戏剧性地骤逝，实在令人难以接受。找到真正原因后，我们才有办法接受他们已经离去的事实，知道此生再也无法看到他们，知道他们原本在未来可能成真的美梦如今已经破灭。

失去挚爱的人，常会胡思乱想。他生前最后几天都在做什么？生前最后几个小时做了什么，说了什么？他去世时，有谁在身边？死因为何？原本救得了他吗？

找出答案后，真有什么差别吗？实际上没有。一个人死后，知道再多相关细节也无法让人起死回生。那么，找出答案的目的是什么呢？知道"事发经过"的细节，将能帮你接受人死不能复生的事实。

挚爱之死常常让人感到方寸大乱，接下来会情绪趋稳，恢复内心平静。然后，又无缘无故地情绪失控。在哀悼者接受事实之前，他们都不能够继续过正常的日子。他们有可能被困在过去，想要试着紧抓住死者生前的那些时光。每次出现这种状况时，哀悼者都必须面对失落感的另一个面向。

父亲死后，母亲无法接受他已经去世的事实。她把父亲所有的东西都按照他去世那一天的模样留在原处，不让任何人移动或更换他的衣橱、梳妆台或床头柜。父亲生前有制作彩色玻璃的嗜好，于是她完全没有动过他去世那一天还在用的工作桌。我想，她认为若能把那些东西保持原样，就是真诚地对待父亲，好像这样就能够让父亲死而复生似的。

母亲的娘家亲人与朋友们试着帮她度过这一段哀悼期，但她就是无法感到宽慰。她试着让父亲活在她心里，因此也拒绝了生命里的某个真相。死守过去，拒绝接受真相，她的痛苦不会因此减轻，只会延长。

每当母亲看见其他人庆祝结婚纪念日时,她总会用某种方式跟我们说她和父亲结了几年婚。如果父亲还在,他们就能共度第几年结婚纪念日。她总是用许多时间回想两人的过往,好像还在跟父亲吵架,好像父亲还跟她在一起闹脾气,分享所有的喜乐与计划。

母亲的确也试着去过没有父亲的日子,但是因为并未完全接受父亲已经去世的事实,所以生命不再完整。随着时间过去,她内心的矛盾越来越强烈,一方面虽然想要继续新人生,另一方面却仍死守着过去。

因为她并未接受父亲之死,她也无法接受自己的人生。后来她跟父亲一样猝逝,完全无预警。只有学会了解事实,不死抓着过去的人才能够活出真正的人生。我绝不是教你要失忆,这跟忘掉过去不一样,而是要你记住,逝者已矣。过去不是现在,不管过去充满了失落与失败,还是成功与胜利。过去无论如何就不是现在,现在也不是过去。

两种天性

认清现实有两种截然不同的方式:有人是因为生活所迫,被迫去接受现实,也有人用主动的方式去接受。当你试着去认清现实,了解何谓现实,你才能够创造出对自己而言真正重要的事物。常言道,"创作必须为艺术而艺术",你则是"为真相而真相"——你想认清现实,只因为那就是现实,不为其他理由。

唯一能让你开启创造历程的,就只有现实这个基础,这件事是完全不能取巧的。认清现实是一种你必须熟悉的重要技能,但若你想要回避它,却也是符合人性的。我们的两种天性之间存在着一个冲突,其中一种天性是用"选择性接受"的方式去面对现实。避免痛苦与折磨是我们的天性,但却会导致我们遭遇更多的痛苦与折磨。因为生怕无法面对自己的发现,我们会发展出一种回避真相的策略,我们宁愿不去面对坏消息。

另一种天性,则是我们都渴望创造。当我们在时空中移动时,我们活在不断改变的状态之下,自然会有一种想要知道改变为何的倾向。改变是

第十章　勇于面对现状

正面或负面的？渐进的或突然的？

此外，我们的抱负远大。我们都是天生的创建者。我们创建文明，我们也想创建出自己的人生。

为了遵循这一天性，我们必须认清事实为何，无论我们是否喜欢自己的发现。无论这发现让我们的心情变好变坏，无论感到挫折或满意。

有两种天性导致我们采取不同的行动。其中一种是不愿认清现实，另一种则是认清现实。两者之间的冲突通常并不明显，但有时则会明显。当你一方面在进行创造，另一方面却试着避免痛苦时，你就会走到一个面临选择的十字路口。当压力来临时，你该怎么做？你会避免潜在的痛苦、扭曲现实，还是看清现实，让你自己得以创造愿景，尽情体验各种感觉？

这是个价值选择的问题，不同的选择会导致你采取不同的行动。如果避免痛苦的价值高于创造的价值，你就会采取行动，回避看来有问题的那一部分现实。如果创造的价值更高，你将会追求确切的现实，偶尔情绪不好也无所谓。

概念中的现实也许不是现实

艺术家兼教师亚瑟·斯特恩（Arthur Stern）曾带着几位学生到纽约市的河滨公园去。他指着横越哈德逊河上方的三栋建筑物———间公寓楼房、一座储存槽，还有一家工厂——斯特恩要学生指出三栋建筑的颜色。众人的共识是，公寓是红色，储存槽是白色，而工厂则是橘色的。

接下来斯特恩递了几张小小的灰色卡片给学生们，卡片上都打了一个个小洞（斯特恩称这种卡片为"卡孔屏幕"）。接着他要每一位学生拿着卡片，把手伸直，透过那一个个小洞来观看三栋建筑。他再度询问建筑的颜色。学生们沉默不语，一会儿后其中一个终于开口了。"它们是蓝色的，就像透过小洞看到的其他景物一样。"其他学生也同意这一观点。"红色"的公寓变蓝了，"白色"的储存槽变蓝了，"橘色"的工厂也一样。斯特恩的学生们有了大发现。

一开始他们看到的并非现实,而是他们概念中的现实。

学画画的学生必须学会的事情之一是,他们所看见的是他们以为自己看见的,而非眼前的事实,这是一个传统。因此,对于画家而言,学会看见眼前的现实,而不是只看见概念中的现实,是必要的技巧。如果想把树木或人脸画得像,就需要这一技巧。如果他们画不出自己所看到的东西,就无法精确地再现眼前的现实。

就像亚瑟·斯特恩在《看到并且画出正确色彩》(*How to See Color and Paint It*)一书里面所写的:

学生以为水是蓝的,所以把湖泊画成蓝色的。但事实上,这一片水域可能会出现红、橙、黄、褐等各种颜色,因为湖面上到处都是秋天湖滨树木的倒影。或者学生以为云是白的,就画出白云——尽管云的颜色有可能是黄、红或者紫罗兰等各种颜色,因为洒在云朵上的阳光有各种颜色,随着一天的不同时间持续变换,而且云朵也会反映出下方土地的颜色。

卡孔屏幕的功能跟过去几百年来画家们所发明出来的各种装置一样,其功能在于把我们心里的"过滤器"关掉,我们才不会看到以为自己看到的。因此,透过卡孔屏幕上面的小洞,在接近傍晚的天色中,学生们才有办法不把自己所看到的建筑物当成红、白、蓝各种颜色。如今他们所看到的建筑,因为反映着天空与河面的颜色,所以都变成蓝色的。

现实并非概念

观察眼前的现实时,人们常常看不到自己眼前的一切,只看到自己概念中的现实,只看到他们以为自己看到的。当你在构思创造愿景时,概念是很有用的,但是若误把自己的概念当成现实,你就有可能看不出你周遭的现状为何。

我们已经习惯于依赖概念中的现实,而非直接观察现实,这是一种便宜行事之计。与其观察眼前的现实,还不如假设我们的既有概念与现实相似，因为这样省事多了。我们拥有惊人的归纳能力，这在许多方面都很有帮助。我们总是试着观察行为模式，了解趋势与行为的倾向，设法化繁为简。

但是，就像学画画的学生必须学会认清眼前的现实一样，创造者也必须学会不带有色眼光去认清现实。

相似与差异

想要认清现实，方法之一是把我们所看到的跟自己已经知道的拿来比较一下。这就是所谓的归类能力。如果我们没有这种能力，就无法透过经验来学习。如果你未曾见过任何出租车，或者连听都没听过，那么你的出租车初体验就会建立出一个新的类型：出租车。下次你再看到一辆出租车时，你就能认得出来。你会观察这一辆出租车与前面那一辆之间有何相像之处。也许它们都是黄色的，也许它们的侧边车身上都有写字，也许车内靠近司机的地方都装有一具里程表。这些相似性能够帮助你把这一辆车跟前一辆都归类为出租车。

有了这种归类能力，你就能够利用你先前关于出租车的所有体验。如果你无法像这样归类，每看到一辆出租车，你都必须从头起了解，这样多么没有效率啊！这样的知识基础有助于让你的日常生活比较轻松一点。这是人类拥有的了不起的能力。借由找出相似性，我们可以透过经验成长。我们可以了解这个世界，用这种知识在大街上走路，到餐厅里点菜，或者打电话。

过去我出国时曾经碰到一种我完全不熟悉的电话系统，我非常喜欢这种从已知世界移动到未知世界的经验。像这样连怎么打电话都不知道该放多少钱进去，也不知道如何接通接线员，实在是美妙无比的经验。等到我终于接通接线员了，才发现她不会说英语，我也不会说她的语言。这种时候我们终将明白自己过去所学到的一切有多么珍贵，不该视其为理所当然。

想象一下：如果你的一辈子都学不会怎样使用电话或电视，甚或不会开门，会是怎样的光景。你不再像偶尔不知所措时感到挺有趣的，而是会真的无所适从。

我们之所以能拥有语言能力，就是因为能够辨认个别的事物与观念，并且将它们归为各个类型。当我们使用"树木"一词时，其实就是援引了"草木"这个类型。没有任何一棵树与另一棵树一模一样。但是我们可以把各种树木归类为一个群组里的不同成员，借此就可以把我们先前所学的一切拿来面对任何一棵树。

一旦我们找得出相似之处，并且把它们归为一个个类型时，下一步就是找出差异之处：从某个类型的一般性特色转而关注某个项目的差异。

例如，当我们提及威斯康星州小镇米尔斯湖欢乐街三三一号琼斯先生家前院的那一棵树时，我们既有的是树木的一般概念，也就是这棵树与其他树的相似之处，接着我们可以找出这一棵树与其他树木有所不同的特色。它有几根树枝？它有多高？它的树叶是什么颜色的？树干的形状为何？树皮的纹理长什么样子？

大多数时候，以相似性为基础，把我们感受到的真实状况归类为各种类型有助于我们很快地理解自己的现实处境。一旦把类型建立起来后，就能够找出一般性特色与某个东西的独特之处有何差异。但有时候这种方式无法奏效。也许在观察现实之际，我们会假设自己知道即将看到什么，这种假设可能会让我们对看到的现实带有偏见。当我们用既定概念中的现实来取代现实，我们所得到的就不是观察结果，而是刻板印象。

当人们把概念架构中的现实当真，就会把现实扭曲成与偏见相符。政治立场坚定的人常常扭曲现实，借此强化他们对于这个世界的政治诠释。

他们发展出一种强烈的阶级意识，阶级有两种，一好一坏。好人终将战胜坏人，正义因此得以彰显。就算掌权者展现出利他主义的精神，也一定会被他们忽视。遭到压迫的人里面如果有一些墙头草，他们也不会在意。此外，如果当权者不够坏，他们的不当行径一定会被夸大，被剥削者如果不够好，也会被美化。

当现实遭到概念遮蔽，我们就很难察觉周遭的实际情形如何。不管是怀疑论者、基本教义派、浪漫主义者、极端主义者、种族歧视者或者理想主义者等等，都可能会曲解或误解事实，进而强化他们的世界观。因此，他们很难感受到那些与自己的理论相左的事实。

如果你在检视现实之前就已经认定自己会有什么发现，那你就会特别注意那些能够强化既存概念的事实。

有些人对于现实的概念特别偏激，其他人的概念则是比较温和。当既存概念比较温和时，旁人比较难看出他们的现实观是有偏见的。一定要把他们的原则予以彻底落实，才能看出他们的温和偏见。

大约在 15 年前，我到朋友家里去参加一个派对。宾客里面有个中年妇女，她身上戴着一支看来像土星的胸针。我问她为什么要把土星胸针戴在身上。

"喔，这不是土星，"她边说边环顾四周，确定没有人听到我们的谈话，"这是宇宙飞船。"

"好吧，"我又跟她说，"那你为什么要戴着宇宙飞船胸针？"

她又左顾右盼了一下，低声跟我说："你听我说，再过三年就会有一批宇宙飞船在地球登陆，建立一个统治全世界的政府。"

"我懂了，"我的口气好像觉得她的一番解释再明白不过了，"那些从外层空间来的人是谁啊？"

此刻她露出了严肃的眼神："他们是玄天上师。"

我非常了解自己对于那些"玄天上师"所抱持的形而上学立场，同时也很喜欢恶作剧，所以我问她："如果他们是玄天上师，为什么不直接在地球上现身就好了，还要搭宇宙飞船过来？"

"嗯，"她的语气认真无比，"他们不想吓坏任何人。"

如今，这些本来该搭乘宇宙飞船来的朋友们已经迟到了一段时日。如果他们真的来了，应该会有不少人感到开心，我就是其中之一。就把收垃

第 1 部分　创造的要素

圾与造桥铺路等事情交给他们做吧，当然别忘了还有太空计划。但是，恐怕至今我们仍然得自己来，真是遗憾。真不知道那位女士对于他们的迟到会提出什么说辞。也许是我们搞砸了？可能因为我们的演化程度太低，太空族群才会对我们不屑一顾。又或者他们的高等文明没有类似卡西欧电子表的东西，所以没有时间观念？

　　从现在的时局看来，真正有信仰的人反而会感到比较安心。精确地观察现实的技能是可以透过持续磨炼来提升并且与时俱进的，但是当我们囿于各种关于现实的信仰、理论、臆测、前提、假设与概念，就无法精确地观察现实。

　　当你开始观察现实的时候，你必须把自己当成一无所知。把你的既存概念与观察结果区分开来。也许你认为这很难办到，但如果你真想知道现实是怎么一回事，你的观察结果就不能掺杂着偏见。你必须透过练习才能够抛开既存概念，观察到真实的情况。当你深谙此道之后，你就等于拥有了一种有力的工具，能够帮你创造出人生中最重要的东西。

第2部分 Part TWO
The creative process
创造的历程

在创造取向中,你内在的身心灵与情绪面向都会进行自我创造,协调地配合。借着这一合作关系,生命的最小阻力之路将会引领你实现你在这世界上最深刻与深沉的生活目的。

第十一章 The creative cycle 创造的周期

创造历程的三个阶段都会让你产生不同的能量，每一种能量都能帮你继续往下一个阶段迈进。萌芽期的能量帮你往同化期迈进，同化期的能量促使你得以往完成期迈进，至于完成期的能量则是可以帮你走向另一个新的萌芽期……

在成长与进行创造的人生过程中，我们会历经三个主要的阶段：萌芽、同化、完成。每一个完整的创造历程都会走完这个三阶段的周期，而且顺序永远是一样的。

这个创造的周期跟人类出生前的周期一样，都是自然而且演进的。

萌芽期是在受孕时就发生的，它也是整个创造历程得以启动的主要源头。同化期是第二个主要阶段，它与人类的孕育期很像，胚胎会在这期间发展成长。

完成期是最后一个阶段，也就是人类出生的阶段。

第十一章　创造的周期

萌芽期

在创造你想要的成果时，萌芽期有一股非常特别的能量：它是任何事物在开始时的特有能量。当你展开各种计划时，你常会感受到这种能量迸发出来：像是刚开始实施某种饮食方式，刚投入一份新工作，当你的公司决定开始制造一系列的新产品，当你开始处理某个法律案件，当你开始研究与设计某种高科技工具，当你的管理团队订下一个新目标，当你认识某个很谈得来的人，还有当你刚刚买了一间新房子时。

作曲家罗杰·塞欣斯曾这样描述所谓的"萌芽"："一股让创造历程动了起来的冲力。"

大导演希区柯克（Alfred Hitchcock）觉得最快乐的事，就是电影的构思与筹设阶段。在他利用摄影、表演、场景、服装与其他电影元素进行创作的前几个月，因为受到萌芽期特有能量的推动，他会先把整部片用分镜表画下来，一格格全都画在长长的黄色笔记纸上面。他很喜欢自己说的一句话：

构思、编剧与筹设的过程比拍片工作本身刺激多了。

不是只有希区柯克如此享受创作历程的萌芽阶段，许多人都深爱萌芽期的刺激感。

在刚开始的这个阶段里，创作者会感受到强烈的兴奋感，兴味盎然而且很新鲜。常见的现象还包括各种卓越洞见、领悟、热忱、改变以及充满力量的感受。然而，大家也都知道，通常萌芽期开始没有多久后这些冲劲就会渐渐消逝。

不幸的是，大多数用来促进人类成长、发挥潜能的理论主要都是聚焦在萌芽期。尽管这个阶段在创造历程中很重要而且力道十足，但是光靠它并不足以产生真正的持续成就，因为它只是让你踏出第一步而已。即便你的萌芽期体验美好无比，但接下来你并未进展到创造历程的另外两个阶段，那些体验并没有太大意义。也许它们能让你留下美好的记忆，但却无法成为你人生成就的基础。许多人之所以乐于参加研讨会，喜欢到上了瘾，理由之一是他们太爱萌芽期那种充满能量的感觉。然而，他们并不知道怎样把那种能量带往下一个阶段。所以，他们四处寻找更具萌芽力道的经验，希望那种经验能够长久延续下去。但是这世界上没有那种事，萌芽期是无法持续的。萌芽期只是个开始。它无法取代整个创造周期。对萌芽期上瘾会让你就像那些只在船上谈恋爱的人一样。船只到港后，恋情也就结束了。

即便希区柯克热爱创造历程中的萌芽期，他一样也擅长驾驭其他阶段。若他只是个耽溺于萌芽期的电影导演，他可能连一部片都拍不出来。

对于创造者来讲，萌芽期会带着他们迈向创造周期中的下一个阶段。即便在萌芽期还没结束时，创造者就已经开始有所期待，甚至常常已经进入了下一个阶段：同化期。

同化期

同化期是创造历程中的关键阶段。就像人类诞生前的孕育期一样，同化期的成长是最不明显的，特别是在刚开始时。

在这个内化的阶段里，你想要创造的成果正以一种演进的方式成长，从内在发展，运用了各种内在的资源，而你则是同时进行内在的思考与采取外在的行动。

某家大型金融机构的资深副总裁打算撰写一个涉及数百万美元的新计划提案。她不确定应该怎样组织手上的资料。所有必要的信息都拿到手了，但她还没找到一种清楚而有洞见的表达方式。于是，她把所有想要表达的东西都胡乱写进提案里，但并未按照应有的秩序来呈现。接着，她在首页的顶端写了一段笔记，描绘出她在报告里想要提出的成果，借此提醒自己。

接下来她出去走了走，以便让自己转移注意力。回到办公室后，她又把笔记拿起来看了一遍，然后摆在桌子的边上。她拿出一张新的纸，开始列出一个个范畴，把资料都归类进去，那些范畴都是她之前没有想到过的。接着，她开始打草稿，一段内容成形了，接着又出现了另一段。一股动能

第十一章 创造的周期

开始渐渐累积,那速度几乎比她打字的速度还快,提案的其他部分也都完成了。这是提案的初稿,她还要稍微编辑与修改一下,但是在她从萌芽期进入同化期的过程中,她想要的成果就变得更为明确具体了。

当你在学习新的舞步、新的管理手法、新的电脑程序、新的外语或者新的技巧时,无论时间长短,你也会历经相似的同化期。

每当你在构思愿景时,萌芽期的能量会自然而然地出现。到了同化期,你所做的是教自己认识这一愿景。你就是在把愿景内化,让它成为你的一部分。你的愿景不再只是新认识的人,而是变成一位老朋友。就某方面来讲,这一愿景已经与你融为一体。在有意无意之间,你想创造的东西开始茁壮发展。大致上这种发展并不是那么明显,因为同化作用有一种隐而不显的特性。你开始胸怀洞见,有自己的观念,也能进行各种联想,也出现了更多的动能。你的创作开始成形,它变得越来越明确可感。你开始觉得你的创造变成了一种实体,它开始获得自己的生命。

尽管对于艺术家而言"同化"是一种难以言喻的作用,但他们都能意识到它的存在,也清楚它对于创造历程的重大贡献。到了这一个阶段,他们会自然而然地触及创造活动的内在与隐含特性。

罗杰·塞欣斯把作曲家所体验到的第二个创作阶段,也就是把"同化"称为执行:

> 执行的过程首先是在内心倾听音乐成形的过程,让音乐得以成长,追随着灵感与构想,跟着去它们要去的任何地方。在作曲家的想象中也许会出现一个乐句、主题、节奏甚或和弦,在能量的带领之下,作曲家因为一股动能或张力的驱使,往下一个乐句、主题或和弦移动。

莫扎特在写给某位朋友的信件里曾解释乐曲是怎样自然形成的,他也强调同化过程的隐然特质,音乐的构想从内在的某处成形,准备好时就自动现身,在此之前我们是无法逼它出现的:

> 过去,当我只有自己一个人,全然独处而且精神振奋时,例如乘坐马车或好好吃一顿后去散步,或是夜里无法入眠时,这些就是我思路最顺畅、

第 2 部分　创造的历程

思绪丰沛的时候。我不知道灵感何时会来、怎么来的，而且我再怎么逼自己也没有用。我把令我愉悦的灵感留在记忆里，将那些音乐哼给自己听（一直有人跟我说我有这种习惯）。如果我重复这个程序，很快就会知道该怎么安排那些乐句才是最恰当的，也就是能够符合对位的规则，或是彻底呈现各种乐器的特殊性等等。

有一次，格特鲁德·斯坦与一群画家谈话时，用极其图像式的口吻描绘同化作用是怎么一回事：

我们没办法走进子宫里，把孩子塑造出来；他们就在那里，自己成形，出来时已经是完整的——它就在那里，是我们制造出来的，我们也感觉得到，但却得等它自己出来。

同化的阶段会产生动能，所以当你历经创造周期之际，因为结构性张力而产生的最小阻力之路会带着你迈向想要的成果——成果会自己成形，成为一个实体。

数学家兼物理学家庞加莱（Jules Henri Poincaré, 又译彭加勒）把同化过程当成一种看不见的作用。对他来讲，成果"反映出先前长久的下意识作为"。庞加莱在他那一本论述数学创作的书里面曾说过这种内化过程非常重要，而且这一过程的动能终将把它转化成一种有意识的形式：

在我看来，在数学的发明过程中，这种下意识作为的功能是无可争辩的，在其他例子中也可以发现这种状况，只是没那么明显。

通常，在解答难题时，第一次出击时都不会有什么成果。稍事休息，不管时间长短，接着再坐下来重新着手。半个小时内，往往跟先前一样没有收获，突然间一个关键性的概念从脑海浮现。也许我们可以说，意识的作为之所以能发挥效果，是因为被休息时间打断，心智才得以恢复力量与鲜活感。但更可能的是，在休息期间，下意识的作为仍持续着，稍后其成效才自动浮现在那一位几何学学者的脑海里，而先前我所引述的案例也都是这样。尽管他不是在散步或旅行的休息时间内有所领悟，而是经过一段时间的解题才得到答案，但这一成果却与意识无关，有意识的作为最多只具有刺激的功能，因为适当的刺激，那些成果好像都是在休息期间就已经达到，只是还停留在下意识层次，要等到他意识到了才会浮现脑海。

庞加莱说他自己就曾经历过这种同化阶段，因此才得以把两个显然无关的数学领域连接在一起。出现成果之前，他努力了好一阵子，"但显然徒劳无功"：

失败令我感到厌恶，于是我到海边去待了几天，想想别的事情。某天早上我在悬崖边散步时，那个概念突然浮现在我的脑海，带有简洁而且直接明确的特性，我想到的是，三元二次方程式的算术转换就跟非欧基里德几何学的算术转换一样。

结果，两者连接在一起之后带来了影响深远的成果，也为许多新的数学研究领域开启了大门。

完成期

创造历程的最后一个阶段是完成期，成果于此刻问世，完整呈现出来，大功告成，同时你则是必须学会如何与你创造出来的成果共处。把你想创造的东西完整地实现，显然是很重要的事，但是很少人能在这个阶段有好的表现。

我们都知道，很多人并未让创造活动大功告成：很多博士生只需一篇论文就可以获得学位，却一直没有写完；企业家创了业，但财务状况始终吃紧；工程师只需再做几个决定就能让计划问世，却因为许许多多的细节搞不定而被困住；业务人员只需要把几件事安排好，就能谈妥一份重要合约，但却出了差错，痛失佳机；在家里车库造船的业余船匠只需要进行最后的填隙工作就完工，但始终没办法让作品下水；也有人开始上空手道的课，但是就在开始上手的时候把课停掉了。

就在成果即将问世的千钧一发之际，这些人却可能把事情搞砸。某些人在拥有想要的东西时会开始感到不安。因此，在完成期这个关键阶段里，他们必须接受自己创造的东西或者学会与其共处,这也是创造历程的关键。这是一种欣然接受自己努力成果的能力。

就像作曲家在完成新作后必须公之于世一样,其他领域的作品也必须由创造者向这个世界"释出"。此后,成果获得了独立于创造者的存在;创造者也才能够欣然接受自己的成果。每当柯尔·波特(Cole Porter)创作的音乐剧开幕上演时,他通常都会体验到上述所谓"释出"与"接受"两个步骤。开幕上演后,他总是认为作品已经成为一个外在实体,完全独立于他而存在。对他来讲,作品一经完成就获得了自主性,创作者无法再加以干涉。大多数艺术家都认为创作就像生小孩,作品问世后就有了自己特有的生命与身份。

电视新闻主播菲利丝·海因斯(Phyllis Haynes)是曾得过奖的电影制片人,她完成了一部影片后,欣赏时觉得自己就只像是个观众而已:

参与电影计划时,我总是全盘掌握每个步骤里面的所有电影元素,逐渐实现电影的愿景。

电影拍完后,欣赏时我总觉得那是别人拍的。片里的妙语仍能让我大笑,好像我从没听过一样。我还是会充满感动,好像是第一次看那部电影似的。我之所以能参与计划,是因为我能把自己身为艺术家与观众的身份分隔开来。这很有帮助,因为当我准备要进行下一个计划时,我仍算是上一个计划的观众,而这是个优点。

持续前进

创造历程的三个阶段都会让你产生不同的能量,每一种能量都能帮你继续往下一个阶段迈进。

萌芽期的能量帮你往同化期迈进,同化期的能量促使你得以往完成期迈进,至于完成期的能量则是可以帮你走向另一个新的萌芽期。

对于柯尔·波特而言,一出音乐剧的完成能激发他写出下一出。在海

第十一章　创造的周期

边领悟出一个数学原理后，他又回家投入其他关于数学的联想与发现工作。成为成品的画布也能帮画家在心里萌发出关于新画作的构想。去年我发行了两张音乐专辑。第一张专辑叫作《高速公路上的雨夜》(*Rainy Night on the Highway*)，它花了我五个月时间进行作曲与制作。就在第一张专辑即将完成时，我又开始筹划第二张，叫作《空中的符号》(*Air Signs*)。它的作曲与制作工作只花了我一个礼拜的时间。第一张专辑的创造历程产生了许多动能，能量甚至延伸到下一张专辑里。要是我没有耗费五个月的时间在《高速公路上的雨夜》上面，《空中的符号》就不可能在那么短的时间内完成。

创作力这种能量的本质并不会递减，而是越来越多，呈倍数成长。

若你能够煮出美味的一餐，你就比较容易煮出另一餐。如果你能够成功地打造出一座花园，来年要再打造出另一座也就不成问题了。

完成期让你能够持续前进。

创造周期的三个阶段各有不同的特殊能量。接下来我们将会更完整地依序深入探索这三个阶段。

第十二章 Germination and choice
萌芽期与选择

做选择是创造历程中的关键部分。你不只必须选择自己要创造什么,一路上你也必须要做出一个个策略性的选择,与你的行动、实验、价值、优先顺序、等级以及是否要继续努力等有关的选择……

做选择

在萌芽期里面,你所做的不只是构思出自己想要什么,找出一个可以前进的方向,最重要的还要设法让"创造的种子"开始茁壮成长。

而如果你要让"创造的种子"开始茁壮成长,则必须选出你想要创造的成果。

当你进行抉择时,你会利用许多平常没有用到的能量与资源。

常常有人无法聚焦在他们所选择的成果上,因此做了选择也没有用。

第十二章　萌芽期与选择

学会做选择

我常跟某位同事一起吃午餐。打开菜单后，我会在 15–20 秒内把菜单合起来，准备点菜。我那一位朋友则往往是仔细研究菜单，严肃的神态好像正在治学的基督教教士。通常来讲，服务生为了帮我们把菜点好，必须来我们的桌边两趟。有天，朋友问为什么我总是能够立刻就做好决定，我跟他解释我的秘诀。

多年前，我就练就了一身如何在餐厅里做决定的本领。我总是打开菜单，立刻选好一道菜。在这实验的阶段里，有时候我很高兴，有时也会失望。一段时间过后，我学会了怎样让目光找到正确的菜肴，并且立刻做出决定。

选好后，我会研究一下菜单，看我的选择是否正确，我几乎没有失误。总之，我学会了很快就被我想要的东西吸引，点菜时确信自己会乐于享用自己的选择。

我问我朋友是怎么做选择的。

他说，他会仔细研究每一道菜，与其他菜肴做比较。如果菜单里的选项很多，他就需要大费周章。他必须仔细看过每一道菜之后才能确定没有错过自己想要的东西。

在交谈过程中，他注意到人生的许多其他选择也都是这么做出来的。他并未直接检视自己想要什么，而是会先衡量所有的选项。换言之，当你试着避免错过可能做出的好选择时，等于是在培养犹豫不决的习惯。

餐厅的菜单如此复杂，但我却能立刻做出选择，这让我朋友感到很不可思议。他实验了一下，发现这种方法对他来讲也很有用。他发现，他的目光很快就会被他想吃的东西吸引。当他把菜单的其他部分研究一遍过后，发现自己的选择也很正确。后来，他说他帮自己和服务项省了很多时间。

如今，他可以用来吃饭的时间也变多了。

的确，这只是个微不足道的成果。但是，学会了如何达到小成果，最后才能有更大的成就。

第 2 部分　创造的历程

做出正确的选择

伟大的 20 世纪作曲家卡尔海因兹·斯托克豪森曾经如此评论音乐创作活动的本质："作曲这件事最神奇之处在于，我们必须做出数千个随意的选择，像是音符的符头和符尾要画多大，符杆要画多长。这些决定对于乐音都没有影响，但是借由做决定，我们可以培养出果决的习惯。"

练习做决定时，你等于是开始培养做正确决定的直觉，这些决定能帮你以最成功的方式创造出你想要的东西。你觉得谁的成功概率较高？是曾经无数次回避抉择的人，还是曾经做过无数次选择，因此有机会判断选择对错的人？

做选择是需要练习的，选择是一种培养出来的能力。做选择的次数越多，你就越会选择。

你应该练习选择，而我建议的方式，则是先做一些迅速而微不足道的选择，因为后果涉及的风险较小。下次到餐厅吃饭时，快一点决定你要点什么。

最糟的结果不过就是你想吃豌豆，但却吃到了四季豆。

选择与创造你想要的东西

传统教育中，学习做抉择是最受忽视与低估的一部分。让我们的教育工作者有所疑虑的是，如果学生获得选择的余地，也许他们的选择可能会与师长的选择不同。他们会选择去上学吗？他们会选择做功课吗？他们会选择听话、端正品行、善加利用时间吗？

有些老师以为，只要跟学生说选择是有限的就是帮他们为人生做好准备。因此，他们教会学生的其实是妥协：学着忍受自己并不喜欢的东西，因为一辈子会碰到的这种东西可多着咧。这当然就会让学生无法去创造自己真正想要的东西。

第十二章　萌芽期与选择

做选择是创造历程中的关键部分。你不只必须选择自己要创造什么，一路上你也必须要做出一个个策略性的选择，与你的行动、实验、价值、优先顺序、等级以及是否要继续努力等有关的选择。

因为创造是一种艺术，很多地方都只能约略言之。我们没有可以遵循的公式，也没有死板的规则需要去遵守。归根结底，所谓创造就是一种即兴演出。一路走来，你必须持续进行从无到有的虚构活动。你学会如何创新，你发现能够让你学习到东西的，不只是成功的经验，也包括失败的。假以时日，你就能培养出自己特有的创造历程，你的本能也越来越能做出对你有利的抉择。

既然学校或家庭并未给我们太多机会培养抉择的技巧，这也难怪许多孩子们会受到各种问题的侵扰，例如毒瘾、未婚怀孕、自杀、与社会疏离，还有对未来感到困惑与犹豫。与选择做功课相较，看电视当然容易多了。与选择面对复杂的人生相较，吸毒当然容易多了。与考虑长寿和健康的目标相较，受到热情的欲望驱使、进行不安全的性行为当然容易多了。

如果选择这个主题能够成为教育的重点，孩子们就能准备好创造自己的未来，而不是在未来只会做一些反抗或顺应环境的事情。

学习永远不会太晚。即便你一辈子都在做一些很随兴的决定，如今你还是能学会用极具策略的方式来协调自己的各种抉择。毕竟，你有选择的余地，既然能够做比较好的选择，为什么要做比较差的呢？

回避有效的选择

处于反抗—顺应取向之中的人若是想要回避或者破坏有效的选择，一般有八种方式，每一种都会断送选择本来可以发挥的潜力。

1. 有限的选择——只选择那些看来可能或者合理的选项。

乔治想要当医生。然而，因为家里经济状况不好，他爸妈一直劝他放弃。尽管他聪明到足以当医生，但他似乎无法靠自己缴纳医学院的学费，所以他把医生这个选项从他的理想清单里删掉了。他所考虑的，就只有那些看来"合理的"选项。妥协的结果是，他成了一位药师。

如果你只考虑那些看来可能或合理的选择，像乔治一样，你等于是断送了自己想要的东西，剩下的就只有妥协而已。乔治对于药学的热情从来就比不上医学。为什么？因为没有任何人会对妥协的结果展现热情。

在公司里，不管是工程、管理、业务、行销或制造等部门，不管职位高低，都有许多缺乏热情与创意的人员，只是因为选择有限才会去做那些工作。他们知道自己每天都生活在妥协里，但是他们试着用一种"合理"的方式来过他们创造出来的生活。他们所能接触到的，其实都是仅限于生活范围内的那一些选择。

2. 间接的选择——选择过程，而非结果。

有些人选择"上大学"，而非选择"接受教育"；选择"吃健康的食物"，而非选择"当个健康的人"。因为他们做了这种选择，在过程中浪费了不少力气，成果因而受限于过程，实现成果的方式也很有限。

海莉叶深信她的人际关系源自她与父亲的关系不佳。多年来，她想要从许多书里面找出方法，对他表达出心里的愤怒。她参加过几场教人表达愤怒情绪的座谈会，也试过各种心理治疗方法。接受治疗时，偶尔她会发现自己拉开嗓子尖叫，哭得涕泗纵横，列举出父亲让她怨恨的地方，也想象出一些父女之间的对话，跟很多互助团体成员分享她的父女关系。

海莉叶实际上希望的，只是当一个完整的人。

她选择的其实是过程，而非她想要的结果，她选择那些过程的原因是希望能借此达到成果。因为追求的是过程，海莉叶不曾选择成为她自己想要成为的完整人——尽管她试着说服自己相信那些选择可以帮她培养完整人格。

当公司获利下滑时，忧心忡忡的高管可能会发现他们正把希望投注在新的过程上。"让我们把所有的销售人力都投注在这一场以卓越为主题的座谈会上，看看是否有帮助。"许多人常常深陷于过程之中，以至于看不清楚或者压根忘了自己真正想要的结果。如果欠缺对于结果的愿景，他们就没有太大机会创造出自己想要的东西。他们甚至不清楚自己要追求的结果是什么。

3. 用排除法来进行选择——把所有其他可能性都消除掉，让唯一的选项留下来。

做这种选择的人常常把差异极端化，造成无可化解的冲突，因此他们"被迫"选择明显的仅剩选项。

很多人往往是靠这种排除选择法来改变自己的生活现状。大多数人都有过这种经验：事态被我们搞得越来越糟，到最后因为实在无法忍受了，只好离开，某些人甚至把这当成他们的生活方式。大多数情况之下，他们之所以会离开，都是因为冲突的张力升高了。

例如，杰瑞与老婆的歧见恶化，最后吵得不可开交，在酒吧里他跟朋友说："情况变糟了，我不得不离开她。我没有别的选择。"等到杰瑞真的要离婚时，夫妻俩的关系已经陷入了冷战，每两三天就会大吵一架。杰瑞无视两人的欢乐时光，把糟糕的状况看得比实际上还糟。在他看来，冲突越演越烈，到最后似乎已经一发不可收拾。他觉得除了走人之外，似乎没有其他选择。

很多人也是这样辞职的。透过自我肯定的方式，他们把自己与同事和资深主管之间的关系搞僵了，误解越来越严重。他们把一些微不足道的评论看成批评，就连办公室的墙壁看起来也像是想要害他，每一天好像都比以前还要黯淡。他觉得早上起床好困难，不想去面对办公室里的风暴。这种人常跟朋友抱怨，朋友劝他们找新工作，他们开始与那些似乎很喜欢公司的同事有了积怨。火上浇油的是，他们开始对整家公司的操守存疑。通常来讲，他们已经无心工作，只专注在冲突上。当有人在这种情况下离开公司时，看来好像是一种追随道德理想的义行。"我没有选择。我一定要离开。"

4. 借由弃权来进行选择——透过不选择的方式来进行"选择",因此不管接下来怎样,似乎都不是选择的结果。

最后期限错过了、合约没有签署、"批准"的命令没有发出去、选举时没有去投票。因为无力选择或者不愿选择,属于这种状况的人选择顺应环境的影响,放弃了自己的权力。像这样拒绝选择的话,从一开始就断送了任何有效行动的可能性。接下来,唯一能做的就只有针对后果做回应了。

5. 有先决条件的选择——在选择上面强加一堆条件。

以下两个常见的句型可以用来说明有条件的选择是怎么一回事:"等到……的时候,我就会这么选择。""如果将来……,我就会这么选择。"

"等到我加薪的时候,我就会开始这个新计划。""等到詹恩与卡尔被指派到我的团队,我就会设计新的方法。""等到我婆婆搬出去住,我就会买一个新房子。"

这些人并未直接选择自己想要的东西,而是把某些条件或状况强加在结果之上。"等到我找到完美的男(女)朋友,我就会觉得快乐了。"这意味着,在他们找到完美的男(女)朋友以前,他们都是不会快乐的,而且他们对于快乐所做出的选择也取决于是否能找到完美的男(女)朋友。这种人任由某些随机的外在条件来左右自己的生活,而且这些条件好像有某种神秘的力量似的,足以造就令他们满意的环境。

6. 回应式的选择——选择的目的是为了克服某个冲突。

有些人做选择时不是为了开启某个创造历程,而是为了舒缓不舒适或者排解压力。

某位电脑公司高管在员工会议上宣布:"我们尽可能赶快制造出一台笔记本电脑吧!因为我们最大的竞争对手已经投入生产他们的笔记本电脑了。"

工程团队失宠于老板,团队负责人与老板吵架后向其他成员建议:"我们来仿效那些外国的设计师,一起设计出一个可以帮我们夺回市场占有率的车体吧!"

每当环境因素的刺激升高到令人感到不安的关键点时,这一类人就会借由进行选择来舒缓不安。无论导致不安的事物为何，它才是真正拥有力量的，无力的他们只是借由做选择来舒缓不安罢了。

我们的社会深信大多数人都会进行这种回应式的选择，所以当社会不希望人们出现某些行径时，总是会威胁我们：如果你做了那些事，你的日子就会不好过，可能会被罚钱、被关、被驱逐、被羞辱、被排斥甚至被处以死刑。

这种反应式的选择跟我们的膝反射没有两样，就像某些驾驶人在公路上看到州警就会自动放慢车速一样。

7. 透过舆论来做选择——先找出其他人愿意推荐的选项，照着这种民意调查的结果来做选择。

因为处于这种模式下的人常常利用成功的人际关系来促使别人与他们达成共识，因此，他们所调查出来的民意结果往往与他们真正想要的相符。然而，因为意见是别人给的，所以他们并不是按照自己的意愿来选择，选择所反映出来的是他所调查的那一群人的意志。

有个女人用以下这段话来描述她是怎样找到一份新工作的：

我老板很难沟通，最近我觉得我的工作快让我烦死了，我感觉不到其他员工的支持。事实上，他们似乎都只关心一些肤浅的小事。在此同时，一个令人感到激励的公司邀请我加入他们。我的新工作看来极具挑战性，让我有参与感，且备受重视，将要与我共事的人都非常关切公司的组织转变。你们觉得我该怎么做？我该辞职去做新的工作吗？

很难想象有谁会建议她留在旧公司。在这个案例中，她想要说服别人的意图非常明显。一般而言，这一类人用来说服别人的方式比较隐晦一点，但基本上策略是相同的。

我曾认识某位大公司的高管，他透过舆论来做选择的方式与上述例子不同。每当面临必须帮公司做抉择时，他会向认识的人征询建议与意见。接着，他只接受与他意愿相符的那些意见。如果他的选择结果并不成功，他会回去找那些让他接受了建议的人，因为失败而责怪他们。

8. 前世就做好的选择——这种选择所根据的是某种关于宇宙本质的模糊形而上学观念。

这种理论所主张的是，不管在现状中你所得到的是什么，如果不是因为这辈子的选择而得到的，就是因为前世的选择："我有痔疮，所以一定是我做了选择才会得痔疮。"

如果你接受这种观念，等于是被迫做出这个结论：帮你选择出这个人生处境的，是某个外在于你的意识的"分身"——包括那些你不想要的处境。因此，你这辈子的力量是来自你的某个未知"分身"，由不得你掌控。事实上，如今你所经历的生活经验有某部分是源自先前你自己所建立起来的结构。如果最小阻力之路把你带往你不喜欢的结果，你应该从你所建立的结构里去找原因，而不是归咎于某种反常的或是你在不知情的情况下做出的选择。通常来讲，这种处境都不是你选择的，也非你想要的。

选择与力量

人们做选择的方式反映出他们觉得最具影响力的是什么，还有如何启动与运用那一股力量。前述的八种无效选择方式各自反映出某种反抗—顺应取向的特色，处于那八种情境下的人们不是放弃了自己的力量，就是把力量拱手让给自身以外的事物或人物。

当你在进行创造时，你的力量就不会取决于你所身处的情境。也就是说，你的创造力并非来自环境，而是来自你自己。没有任何力量逼你去创造自己想要的东西，无论任何人物或事物都无法剥夺你的力量。

创造取向中的选择

在创造取向中，你会有意识地选择你自己乐见的成果。

做选择看起来简单，但可别被骗了：你必须持续练习才能做出对的选择。如前所述，某种错误的选择方式是选择过程，而非选择你想要的成果。

许多人认真投入那些可以达成成果的过程，但实际上都没有选择自己想要的成果——不管是正式的或非正式的选择。有些人会吃一些特别的健康食品，摄取大量的维生素，认真运动，不碰酒、咖啡、香烟、巧克力、漂白面粉、红肉与精糖，但实际上却并未选择健康的身体。许多人采取一些有益健康的行动，但并未选择成为健康的人。

某些上层管理人员参加商业研讨会，学习新的行销、管理、生产等等技巧，深信这些作为"有益于公司"。接着他们也会让员工接受一堆训练，希望那些训练能够为公司组织带来正面的改变。这一类管理人员盲目信任他们所选择的过程，但是采取的行动却未能聚焦在创造历程上。这只是另一个寻求正确回应之道的例子。

就许多案例而言，不管是管理人员或者吃健康食物的人都是选择了过程，采取自认"对他们有益"的行动。好像他们把全部的心力都投注在那个过程里，希望这一过程能为他们带来希望的成果。通常来讲他们都专注在过程上，但必然没有很投入成果。

如果你能选择成为一个健康的人，你就能善用来自体内与内心、精神的内在资源。选择成为健康的人，你才能让结构张力的要素之一，也就是让愿景成形。透过选择，你就能聚焦在能量上面，将它释放出来，然后往往就能趋近于那些对你而言最有益健康、最有帮助的历程。

当组织选择的是某个成果时，其成员也更易于善用组织的资源。他们会更容易找出有助于促成成果的历程，或者是自己创造出能促成成果的手段，并且予以实行。

选择负面的成果

有些人所选择的，不是他们想要的东西，而是选择避开他们不想要的东西。某些人并未选择健康，而是选择远离疾病。

当你做的选择只是为了避免不想要的东西，你就无法把结构性张力建立起来。你所建立起来的，反而只是一种冲突结构。

有些人之所以实行严格的饮食方式，并且认真运动，并不是他们有多清楚的健康理念，而是显然想要避免疾病缠身。他们所恐惧的，不只是一般的小感冒，而是心脏病、癌症、胃溃疡、高血压、糖尿病与其他具有威胁性的疾病。他们采取回避的策略，强调他们不想要的东西（他们不想得重病，或者不想死），而不是强调他们想要的（活力与生命）。

他们的行为受到结构性冲突的驱使，在这种冲突中，最小阻力之路就是采取行动，试图化解无法化解的冲突。

这种结构性冲突常令人感到不舒服，实际上它是一种生死冲突。因为他们想要确保自己能活命，也就是确保自己不会得重病或者死掉，他们所牢记的是一个负面的愿景——这个愿景告诉他们：你随时都可能会出事（得癌症或者心脏病发）。因此，他们让冲突恶化了，他们让自己持续处于高压力的状态下，因为他们不能接受自己得病。

他们的策略是让自己保持在这种冲突状态中。也许他们是这样想的："如果我吃糖或者漂白面粉，我就会得癌症死掉，所以我一定不能吃那种食物。我必须时时警惕。"他们采取种种行动，例如只吃有机食物与运动，但行动的焦点不是健康的身体，而是要舒缓自己的情绪——消除那些自己所创造出来的恐惧与担忧情绪。

他们长期强迫自己相信自身是无力的；他们生活中的力量来自食物或运动，而非他们自身；如果他们吃某些食物或者不运动，生命就会受到威胁。他们深信自己如果为所欲为就是不负责任的，所以必须自我控制，方式是时时告诉自己，如果急于运动就可能会有危险，如果不坚持下去，就是不负责任。

我不是说吃健康食物或者做大量运动这种事本身有什么错。在创造取向中，一旦你有意识地选择了健康，你一样也会倾向于摄取某些食物，做某些形式的运动，你所投入的是一个演进的历程。这个演进历程的结构性倾向是让你受到那些特别有益健康的生活方式吸引。这些生活方式也许包括吃健康食物与运动这种预期之中的一般生活方式，也有些是出乎意料的。

如果你试着强迫自己去做某些事，也许你就会失去自己原有的自然生活节奏，如此一来你就没有办法像本来那样，随着生活节奏的改变去进行不同类型的活动。

例如，也许你每天都遵循固定的饮食习惯；然而，你原有的生活节奏也许是希望你在某天能够摄取较多蛋白质。因为你的饮食习惯过于死板，导致你可能忽略了自己的生活节奏，错过了你的身体在某天特别需要的食物或营养，导致你无法让自己更健康。

你不想要的东西

全世界许多大公司的成员都把大部分心力用于避免他们不想要的东西：他们不想要不合作的工作团队、行事不当的管理阶层、过多的存货、损失、退货、有缺陷的产品、信用问题、官司、财务透支、破产、恶意收购等等。

在创造历程中，你不会选择避免那些你不想要的东西。你一定是为了得到自己想要的东西而去做选择。

当然，如果你能搞清楚有什么东西是你不想要目前却拥有的，的确有所帮助，因为通常你想要的东西就是刚好与你不想要的东西完全相反。

如果你不希望自己的车子持续抛锚，你想要的可能就是一部车况能保持正常的车子。如果你不希望在无聊的环境中工作，也许你想要的就是一份有趣又有挑战性的工作。如果你不想跟一群不投入又常犹豫不决的员工工作，也许你就是希望自己的同事能够热情又果断。如果你不想常常与自己的伴侣争论吵架，也许你想要的就是一个完全相反的、爱你又支持你、与你关系和谐的爱人。

当你把大量能量聚焦在人生的问题上，你很容易就只看到眼前那些问题。某些时候，你会觉得唯一重要的事，似乎就是让问题不再是个问题，或者将它解决。

问题如果越胶着，你就越可能认为自己想要的就是避免那些问题，或者只会去做自己认为可能的事情。

我常常至少花 15 分钟的时间问别人一个问题：你想要创造什么？结果对方却一直跟我说"我不想要这个"或者"我不想要那个"，抑或是"我不想要面对这个问题"，"我想要摆脱那个问题"。

想象一下，难道作曲家贝拉·巴尔托克（Béla Bartók）是这样创作出他的第三号弦乐四重奏的吗？"我不想创作管弦乐，我不想创作钢琴乐曲，我不希望我的作品跟其他作曲家一样，我不想我的作品那么呆板。"我想你应该也看得出来，如果把注意力聚焦在你不想要的东西上面，你就无法创造出了不起的愿景，当你进入创造的萌芽期，也无法产生太大的能量。当你所选择的都是自己不想要的东西时，你就会受到它们主宰，你想要的东西就无法受到应有的重视。

正式地做出选择

做选择时，你应该采取两个步骤：

首先，想清楚自己想要的是什么，也就是对于你想创造的东西要怀抱着清晰的愿景。

其次，为求正式起见，请你确确实实地说出这句话："我想要拥有的是……"

重点不是大声说出那一句话，而是一定要对你自己、对着你的内心深处说；切实选出你想要的结果。说出自己的选择跟念咒的人喃喃自语并不相同，我也不是要你一再复述那句话，以求自我肯定。我只是要你把自己的选择具体地化为语言，让你的愿景显得更为聚焦。

当你做出正式的选择时，你就是让"萌芽的种子"开始成长茁壮了。你把所有的能量掌控在自己手里，让能量帮你朝着你的选择迈进。你进入了创造周期的第一个阶段。

第十二章　萌芽期与选择

对于许多人来说，做出这一正式选择，等于是在片刻间跃入了一个未知的境地，特别是他们所选择的涉及了他们自己过去未曾选择过的大事。然而，在悬而未决的时刻过后，他们通常会觉得神志清醒，浑身充满能量，连身体也变轻了。当你做出选择后，无论你是否会有上述的奇特体验，你都等于是带着能量主动出击，朝着你选择的方向出发。若你所选择的是你想要的成果，你的选择将会充满力量。

第十三章 Primary, secondary and fundamental choice
首要、次要与基本的选择

如果你处于创造取向之中，一旦你清楚了自己的首要选择，无论在达成成就之前你需要做多少次要选择，一路上你都会很清楚自己的首要选择为何，做次要选择时也会比较容易……

创造历程中的策略元素是三种截然有别的选择：首要、次要与基本的选择。

首要选择

首要选择关系到你的重大成就。

人的一生几乎都会在各个领域做出首要的选择。在职场上，也许你会选择成为公司里绩效最好的经理，选择把超导体应用在实际的用途上，选择发明一种运送危险物质的安全方法，选择把人工智能与先进的检索系统整合在一起，选择在新加坡开一家制造厂。就个人生活而言，你的首要选择包括选择很棒的男（女）朋友、选

第十三章　首要、次要与基本的选择

择有意义的工作、选择一间让自己感觉像家的房子，或选择很棒的假期。你可以选择创造艺术品，煮一顿美味大餐，或主持一个很棒的会议。你之所以做出首要的选择，只是为了达到某个成果。就算达到它之后可能会把你引导到另一个成果，但这不是你做那个首要选择的目的。首要选择不是一连串步骤里面的一个步骤，它是一个终极目标。

尽管首要选择也许会让其他成果成真，或者为未来的成果奠立基础，作为一种选择，它的主要目的就只是让你达到你所选择的目标。画家作画时，其首要选择是把画画出来，而不是把画作当成职业生涯的垫脚石，或者让自己觉得满意，抑或是赚钱。发明家发明的目的并非取得专利，而是希望他发明的东西能问世。

自从1966年发明了可调节染料激光这种技术以来，玛莉·史派斯就一直积极研发激光同位素分离的过程。跟大多数发明家一样，她的首要目标是看见自己发明的东西问世，而非借此赚钱或是取得专利。

当时她受聘于休斯飞机公司，她曾描述过该公司如何试着利用她所发明出来的东西研发出一台红宝石测距仪，但却未成功。她确定一定可以，最后休斯飞机公司指派了另一个工作给她：

> 他们明确要求我别继续了，但我还是继续做，结果多年来帮他们省了一大堆钱。然而，当时我持续发展出来的概念大多都是无法取得专利的。事实上，对于取得专利这件事我从来没有多少兴趣。我比较有兴趣的是把不同的东西凑在一起发挥功效。我觉得取得专利是一件苦差事，我比较有兴趣的是发明出有用的东西，而非取得一本专利证书。

对于你想要的东西，如果你不能确定它本身就是你想达成的成果，或它只是达成另一个成果的步骤，你只需扪心自问："这个选择的目的为何？"如果，选择的目的是为了达成某个成果以外的东西，那它就只是过程的一部分。因此，这个选择就不是首要选择，最多也只是次要选择而已。如果它的目的不是促使你达到进一步的成果，那它就是你要的那个成果本身，因此就是首要选择。

我曾问一个朋友为何弹钢琴,她说:"因为我爱弹钢琴。"这就是一个首要选择的例子。

对于艺术家来讲,他们的首要选择可能只是创造的乐趣而已。就像20世纪的雕刻家亨利·摩尔(Henry Moore)曾说过的:"有时候,我画画只是为了画画本身的乐趣而已。"

我有个名厨朋友曾在帮我们做晚饭时跟我说:"我喜欢做的,是在厨房里即兴演出。通常来讲,我都不知道要做什么当晚饭,就像今晚一样。让我觉得最享受的是把食材拿来进行即兴演出,看看最后做出什么东西来。"我这位朋友所做的的确是首要选择,而且他选择达成的成果至少有两个。首先是一顿美味的晚餐,那天晚上稍早时他也许还不清楚自己做出来的东西会有什么风貌与味道,但他知道自己所追求的晚餐特质是什么。他能确定自己的首要选择(一顿美味的晚餐)可以符合好食物的美学与美味标准。

他心里想的第二个成果,则只是烹饪的乐趣。这个成果就像我那位钢琴家朋友喜欢弹琴一样,或是登山家登山时的刺激感,还有度假的人喜欢躺在阳光普照的沙滩上。对他来讲,烹饪经历本身就是个目的,与想要煮出晚餐的目的是两回事。

处于反抗—顺应取向中的人通常很难做出首要选择,因为他们强调的是方法(如何达到他们想去的地方),而非成果(他们最后想去的地方)。我认识一些人总是积极追求方法,但却无法构思出自己想要什么。他们能够想出来的,就只有一个个步骤,而这些步骤又把他们导向其他步骤。

座谈会时我问某个人:"你想要什么?"

他说:"我想要发掘自我。"

我试着让他聚焦在他想要的成果上,于是追问:"找到自己之后,你能拥有什么?"

他回答:"这样我就能看出是什么让我退却。"

"看出是什么让你退却之后,又会怎样呢?"

"这样我就能克服障碍,不再阻挡自己。"

"知道怎样克服障碍,"我持续追问,"然后呢?"

"那我就不会再阻挡自己。"

"不再阻挡自己之后,你会怎样呢?"

"呃,我不知道。"他这么回答我。

只顾追求过程的人被问及自己将会抵达何处的时候,他们通常看不出过程的尽头会是哪里,即便持续被追问个五六遍,他们还是说不出答案。

练习做出首要选择

如果你知道自己想要透过首要选择达到的成果是什么,你就能够获得一股庞大的力量。一旦你做出首要选择,你自然而然就会以有效的方式来重新安排与组织自己的生活,借此实现自己选择的成果。

当你正式做出首要选择,一股萌芽期的能量应运而生,你也能看清自己需要做哪些策略性的次要选择——也就是能够支持首要选择的种种选择。

当你在进行策略性的次要选择时,你就是让自己的行动配合你想要创造的东西,如此一来你所采取的每一个步骤都能奠立基础、创造动能,进而实现你的首要选择。以下几个步骤不失为一个好的开始。

步骤一:

把你现在到死前想要的所有东西都列出来,包括你个人生活中与职场上的目标,也包括你希望这个世界达到的目标,坦诚地列出来。列这个清单时别管是否可能,还有可能性多高。

也包括你希望与别人建立起什么性质的人际关系。但是不要把你希望别人怎样表现也列进来。如果你说"我希望哈利能够……",那等于试着把你的意志强加在哈利身上,你该做的是聚焦于你想要的关系的本质与性质。

请你这样写:"我想要建立一种能够具有下列性质的关系……"你最后建立起来的关系可能与哈利有关,也可能与他无关。

你所列出来的,一定是你想要的东西。别把你不想要的东西列进来,像是"不想再有战争""不想再与经理争执""不想再得胃溃疡"。另一种不要列进去的是你认为自己应该想要的东西,所谓应该想要,是指别人希望你应该要,或者你认为自己如果不要的话,就太自私了。姑且把这个清单当成一个草稿。

步骤二：

把你的清单重读一遍,确认你想要的主要人生要素都在里面。如果发现有所遗漏,就补加进去,也把不是真正想要的删除掉。

步骤三：

用这个问题来检验清单上的每一个项目："如果我能达到这个成果,我愿意吗？"

如果答案是否定的,你就必须把那一项删掉,抑或加以调整,借此让清单上的每个项目都是你真正想要的。有时你会发现,本来你以为自己很在意某个成果,但实际上并非如此。

如果检验过后答案是肯定的,请你正式地选择你所列出来的东西,做法是对自己说："我选择的成果是：＿＿＿＿＿（把你想要的东西填进去)"。

步骤四：

持续这么做,直到你已经把所有你真正想要的东西都列了出来。

通过做出这些选择,你就已经踏出创造历程的第一步了。把你想要的东西构思出来、做出选择,这就是你在萌芽期该做的事。当你选择出你想要的东西时,你等于释出了一股萌芽期的能量,让你能够朝自己想去的方向走下去。

次要选择

这种可以帮你朝首要成果迈进的选择,叫作次要选择。

因此,为了做一顿饭所需的食材（首要选择),也许你会选择去购物（次要选择)。或是为了完成一本你想要编撰的参考书（首要选择),也许你会选择购买一个可以把参考书目按照字母顺序排列的文字处理软体（次要选择)。

第十三章　首要、次要与基本的选择

次要选择可以辅助首要选择。

几个月前，我决定把自己的肌肉练好，这是我的首要选择。而我的次要选择，就是做三个月的举重训练。每天我也会做一些其他次要选择来辅助我的首要选择。

三个月重量训练期间，早上醒来时我通常会浮现一个念头："今天早上我可以多睡一点。毕竟过去几天我都在做训练。我的表现很好。今天早上我不需要做训练！"

接下来我会起床，穿着睡袍与拖鞋下楼。

下楼后我会这么想："现在我醒了，我可以去一下洗手间，然后就回床上睡觉。毕竟我不是真的需要做练习！"

接着我会穿上运动服与运动鞋。

一旦把练习用的服装穿上后，我心里会这样想："现在我醒了，也穿好衣服了，我可以偷个懒，看一下我喜欢的书，度过一个很棒的早上！"

此时我会把夹克穿上，走出前门。

上车后我又有别的想法："现在我上车了，真棒！我可以开车去买一些可颂！"

接着我会开车去做重量训练。

通常，到这个时候，不想做训练的念头会暂时消失。然而，大概在整套训练结束前，还剩下两三个动作时，我会有另一个念头出现："我做得很好！今天我的确是做够了，不需要完成整套训练！"

之后，我会把最后的几套动作做完。

这就是用一连串次要选择来辅助首要选择的例子。尽管留在床上比较轻松，但我还是有办法起床；回床上睡也比较轻松，但我就是有办法穿上衣服；留在家里比较轻松，但我就是能够出门；开车到面包店比较轻松，但我还是去了健身房；不把整套训练做完比较轻松，但我还是把它完成了。

过程中的每个步骤我都能够轻易地做出次要选择，只因我显然已经做了首要选择。过程中我并没有出现失落感或者放弃了什么。大部分浮现脑海的

第 2 部分　创造的历程

念头都只是对于不同行为选择的描述。我的确可以待在床上就好，在家读书就好，吃可颂就好，也不用把训练做完。这些都是我本来可以做的选择。

然而，每次做决定时，我都有办法看清什么对我而言才是重要的。我不曾需要与自己争辩，也不曾感到挣扎。在整个过程中，最重要的只有一件事：我的首要选择是想要拥有健美的身体。我在做每一个次要选择时，无论是起床、去健身房或完成举重训练，都非常容易、毫不犹豫，因为每个选择都会直接支持我的首要选择。

并非所有次要选择都能跟起床或穿衣服一样可以轻易达成。对于选择成为专业音乐家或运动员的人来讲，次要选择也许就是多年的练习。

如果你处于创造取向之中，一旦你清楚了自己的首要选择，无论在达成成就之前你需要做多少次要选择，一路上你都会很清楚自己的首要选择为何，做次要选择时也会比较容易。那些选择变成你显然必须采取的行动。

次要选择永远是从属于首要选择的。通常来讲，如果离开了首要选择的脉络，我们根本就没有理由去做次要选择。

长时间练习可能不是运动员与音乐家喜欢的事，但他们还是照练：不是因为责任或义务，或是任何形式的自我控制，而是他们必须做出与首要选择一致的次要选择，而他们的首要选择就是能够做音乐表演，或在运动方面出类拔萃。最后他们甚或会爱上次要选择，只因次要选择能够鼎力辅助他们的最终愿景。

爵士萨克斯吹奏者杰瑞·伯尔贡齐（Jerry Bergonzi）曾这样阐述他制作音乐专辑的过程：

愿景是让我的唱片得以问世的载体，次要选择则是载体的引擎，一切努力都是出于爱。

进行首要与次要选择的领导者

身为组织里的创造者，领导人必须了解首要选择与次要选择之间的关系——前者如成就、目的与目标，后者则包括工作团队的策略性选择、工

第十三章　首要、次要与基本的选择

作时间、时机、训练、日程安排、研究与会议等等。

组织常常依赖领袖来决定价值与功能的层级。他们通常必须决定各种要创造的东西的顺序。尽管对于其他人来讲这些成就看起来价值相同，但领袖却必须决定它们的重要性孰高孰低。

一旦工作团队知道哪些选择是首要的，怎样进行次要选择就很明显了：因为次要选择永远能够辅助首要选择。

简单的首要选择可能只是要研发某种产品，次要选择则可能涉及各种研发工作、时间管理、筹措财源与把计划团队里的工程师组织起来。

相互排斥的欲求

如果某个上班日你起床时觉得很累，想要赖床，但是你的工作却让你不得不在某个特定时间去上工，你该怎么选择赖床还是起床去工作呢？在这种情况下，你的欲求有两个，但却互相排斥。你不能够选择赖床，但同时又去工作。

一旦你知道自己的首要选择是什么，你就很容易知道该怎么做了。如果工作是你的首要选择，那么次要选择就应该能够辅助首要选择，也就是你必须起床，穿好衣服，去上班。

当两个欲求相互排斥时，有些人会感到困惑。他们会觉得困住了。结果，他们通常无法做出真正的选择。他们反而会像机器人一样起床工作，或者是因为罪恶感、害怕被惩罚或有所损失才去工作。

在反抗—顺应取向中，人们通常觉得这种冲突是无解的两难。两种选择的价值与重要性相当。无论选择哪一种，处于反抗—顺应取向中的人总会感到失落与一定程度的无力感。他们认为自己是因为环境而被逼放弃自己想要的东西。

在创造取向中，身为创造者，各种成就的重要性高低由你自己决定。接着你必须决定什么才是首要的。这会让你永远保持强大的创造力，整个行动的过程都能有效地促成你最重视的成果（也就是你的首要选择）。对于你想要但却不能拥有的东西，你不会有失落感与无力感，而且你总是选择你最想要的东西。你没那么想要的东西从属于你更重要的欲求。

此外，当你为了支持你的首要选择而做出次要选择时，首要选择作为一种重要成果，它的定义就更清楚了，因此可能更加容易创造。锻炼健美身体对我来讲之所以更为容易，是因为一路走来我做了许多的次要选择，而且每做一个次要选择，我就能更清楚地把健美的身体定义成首要选择。

在做那些次要选择时，我们似乎一点也不需要有所放弃。当我们在做次要选择时，也就是当我们在做那些能够辅助首要选择的选择时，我们是在做自己真正想做的事。进行策略性的选择能够为我们带来庞大的力量。

长期目标与短期需求

某些首要选择是长期的目标。通常来讲，当我们在追求那些目标时，都会遇到一些短期需求的干扰——也就是会有一些似乎必须立刻面对的情况。

长期目标与短期需求的角色截然不同，因为它们会带你走向不同的境地，产生不同的结果。

每个人都有长期的目标：教育自己的小孩、写一本以长岛地区野生花卉为主题的书、成为公司总裁、取得临床心理师执照或是环游世界，每个人都可以开出一份专属的清单。

每个人也都有短期的需求，其中许多都是我们极为熟悉的："我饿了"，"我好无聊"，"我想看场电影"，"我不想念书"，"我没有那一件洋装就活不下去"，"我必须在截稿期限前交稿"，"我需要休息一下"。

当短期需求出现时，我们永远都必须采取行动。而且那些行动都具有舒缓的效果，通常会让我们觉得好过一点。像是吃东西、喝东西、去购物、看好几个小时电视，或是去找一些乐子。

第十三章　首要、次要与基本的选择

每当我们的行动是受到"舒缓"这个目的驱使时，通常不能为自己带来最大的好处。这种行动虽然能让我们好过一点，但感觉并不持久，原因不只在于这些行动并不能帮我达成长期目标，也因为造成短期需求出现的冲突仍然存在。事实上，有些人似乎就是不断在满足自己的短期需求，一个接一个。

每当你扪心自问："这一辈子我想要达到的成就是什么？"你不但可以牢记自己的长期目标，也比较容易采取各种达成目标所需的行动，次要选择也就变得比较容易一点。即便受到暂时性冲突的干扰，你还是不会偏离自己的人生方向。

当我们清楚地定义首要选择，并且做出一个个辅助首要选择的次要选择时，我们就有能力分辨哪些是长期目标，哪些是可能会让你分心的短期需求。

葛雷哥莱曾是个木匠。每当有人聘他做某件事时，大家总是问他需要多久时间。他当然也会根据木工所需时数来估算时间。然而，一旦他开始某个木工活，他总是任由自己分心：收听收音机的新闻报道、听一下外面的人在聊什么，或是接家里打来的电话。因为分心的事情那么多，他发现每个木工活都会耗费原先预估时间的两倍才能完成，他的顾客们非常讨厌这一点。上完"创造技术"课程后，他培养出一种透过选择来支持长期目标的习惯，而不是支持那些似乎永远都会让工作进度乱掉的短期需求。他不再听人聊天或是思考家里的事情，而是全神贯注在木工活上面。借此他才有办法按照预估时间来完成所有木工活。每当他发现自己即将分心时，他都会做出一个策略性的次要选择，让自己继续进行木工活。

借由基本选择来奠立基础

最后能做出一番大事的人早年似乎不见得有所成。许多最成功的历史

第 2 部分　创造的历程

人物年轻时都没有展现出成功的显著迹象，毕加索甚至需要一位家教帮他准备中学入学考试，但最后那家教却放弃了他，因为他实在太难教了。

爱因斯坦小时候被老师们当成懒惰与迟钝的学生。他讲话时总是吞吞吐吐，语言学习对他来讲很困难，成绩也不好。迫于压力，他的亲戚们同意帮忙出资，让爱因斯坦到苏黎世的综合技术学院（Polytechnic Institute）去就读，但他在入学考试时被刷掉，必须回到中学补习表现较差的科目。

美国的第一夫人艾莉诺·罗斯福（Eleanor Roosevelt）是一位伟大的人道主义者，从她小时候的表现看来，似乎成功的机会不太高。艾莉诺有做白日梦的习惯，她母亲觉得她实在是个很难搞的小孩。她的亲戚说她总是会说谎，偷糖果，算术、拼字与文法都很差劲。她会咬指甲，害怕小偷又怕黑，而且害羞又笨拙。

然而这些人在长大成人后却都成为世界上最成功而且显赫的创作者，为什么？

DMA 公司创立时，我刚刚开始投入有关人类创意活动的工作领域，令我感到讶异的是，某些"创造技术"课程的学员能够轻易地创造出他们想要的成果，同样课程的某些学员却很难做到。

有好几个月的时间我一直在思考这两种人最大的差别在哪里。我感到困惑不已，因为那些表现最好的人都不是原先看来成功概率最高的。

接着我就发现了基本选择的现象。所谓的基本选择是一种与存在状态或者与基本生活取向有关的选择，而首要选择则是关乎各种具体的成就，次要选择则是可以支持那些成就的选择。

当你把自己投入某个基本的人生取向，或者基本的存在状态时，你就是做了基本选择。

许多成功的人，例如我在上面列举出来的人士，就都曾在人生中做过基本的选择。因此，早年经验并未局限他们的人生方向。一旦做出基本选择后，他们就可以改变自己的方向，创造出对他们来讲很重要的东西。基本选择是让首要与次要选择得以奠立的基础。

第十三章　首要、次要与基本的选择

如果你不曾做过"成为非吸烟者"的基本选择，不管你用什么方式戒烟，都不会成功。也许你会尝试催眠、厌恶疗法、参加戒烟班，用渐进式的方法戒烟或是突然完全不抽烟。如果你不曾做过"成为非吸烟者"的基本选择，上述各种方式都不会管用的。

如果你做了"成为非吸烟者"的基本选择，不管你用哪一种方法，都会管用。此外，在做出基本选择后，你自然就会选出那些对你最有用的方法，因为它们最能帮你达到成效。

"成为非吸烟者"是一种基本的存在状态，它与瘾君子想要试着戒烟的状态截然不同。

"创造技术"课程刚刚问世时，那些最成功的学员都曾针对自己想要创造的事物做出基本选择。

那些没有做出基本选择的人，他们的成长与发展取向是截然不同的。他们并未把达成自己想要的成就当成他们的志向，而是被动地任由环境来主宰一切。他们希望自己身处的环境或者遵循的方法能够改变他们。

有些人则是透过基本选择来选择自己想要的人生，他们对于达到成就这件事一点也不被动。他们会主动出击，尽力实现任何对自己可能有利的事情。

自从我发现基本选择的现象后，我就开始向每一位"创造技术"课程学员传达基本选择的重要性，要怎样利用基本选择来帮自己。因此，几乎所有学员都能以更快的速度熟悉自己的创造历程。

其中一个例子是某位从八岁就罹患幽闭恐惧症的女学员，当时她不小心把自己困在老旧的大行李箱里，两天后才被发现。因此，她总是避免搭乘火车与飞机。参加"创造技术"课程期间，她决定到西班牙去度假。这个选择的实现概率看来不高，因为她这辈子还没搭过飞机。过去她只要一想到置身飞机里面就会觉得紧张。接下来她做了一个基本选择：她希望她能够成为自己人生的主宰性力量。选择到西班牙去旅行这件事与她的幽闭恐惧症也许是互相冲突的。但是因为她做了一个基本选择，突然间她发现自己不再恐惧。

她订好机票后就上路了。因为她做的基本选择是希望自己能成为主宰人生的力量,她才能改变自己的取向,让自己的选择发挥影响力,摆脱过去环境的主宰。她的幽闭恐惧症就这样不药而愈,再也没有困扰过她,几乎像是个奇迹。从这个最佳范例中我们可以看到,当你做出一个基本选择,你就能够改变自己的取向。你就有办法重新安排自己的首要与次要选择,让它们与你的基本选择相符。当人们根据自己的最高价值做出基本选择,或是为了实现某个人生目的而做出基本选择时,就会发生许多过去看来不可能或可能性不高的改变。

随着时移事易,你可能会忘记自己最在乎什么。但是事实上,你的确非常在乎这种基本选择,所以你还是可以轻易做出选择的。

一个关乎灵魂与方向的选择

歌剧作曲家普契尼曾说:"怎样才能有意识而且有目标地运用我们自己的灵魂力量?这可以说是个最高机密。……然后我感觉到体内有一股炽热的欲望与强烈的决心,想要创造某种有价值的东西。"

神学家马丁·布伯(Martin Buber)曾把基本选择描绘为"方向"。在《丹尼尔:关于实现的对话》(*Daniel: Conversations about Realizations*)里面,布伯解释道:

> 方向是人类灵魂的基本张力,有时候方向能够带着我们离开充满可能性的领域,做出某个特定的选择,透过行动来实现它。

布伯所关心的是人类文明的未来,他建议我们要做出有意识的基本选择。用布伯的话来说,进行基本选择就是所谓的"采取有方向的行动"。对于大多数人来讲,基本选择就是选择自由、健康与忠于自我。

所谓自由,有内在与外在的表达形式。外在自由包括选择的能力与为自己的人生创造环境。内在自由则包括不受任何局限的经验。

健康包括身体、心理、情绪与性灵等各种层面，还有个别与集体之别。忠于自我就是选择一种符合自我天性与道德的生活方式，活出个人的独特目的。

基本选择的诸多特性

基本选择不会因为内在或外在环境的改变而受影响。如果你的基本选择是忠于自己，那么不管你觉得士气高昂或沮丧，不管你感到充实或挫折，不管你是在家里或在职场上，与你在一起的人是敌是友，你的行动都会忠于你自己。

反过来讲，如果有一天你觉得不忠于自己也无所谓，因为在某个特定的情况下忠于自己让你感到不方便或是不安，那你可能是一开始就未选择忠于自己。你只是忠于你自己在某个时间点刚好身处的情况或环境而已。当你做出基本选择时，你就绝对不会认为不方便与不安是个问题，因为你的行动永远会与你的基本选择相符。

一旦你做出基本选择，你在面对现实处境时，就会有一个全新的基础可以依靠，环境的意义通常会因为基本选择而改变。你会发现，无论你身处什么环境，你都能够落实基本选择。如果你的基本选择是忠于自己，你就会观察环境，如果为了忠于自己，你有必要改变环境的话，你就会用观察结果来改变环境。

我认识某位曾经在一家大型投资公司工作的股票经纪人。他常抱怨工作环境与公司让他处境艰难。然而，一旦他做出忠于自己的基本选择后，他就有办法改变自己与工作环境的关系：原本他好像是那个环境的受害者，后来他的一切遭遇变成好像是必要的回馈而已。他最常抱怨的就是他老板，批评老板不愿帮助他。在他做出基本选择后，他就开始全心全意尽力支持老板。结果他的工作经验完全改观了，对于顾客而言，他变成一个更有效率的股票经纪人，原本让他不满的工作也变得让他心满意足。他不再等待工作上发生什么让他满意的事，而是开始带着满意的心情去上班。

在反抗—顺应取向中，人们往往会等待环境中出现能让自己感到满足的事。但这种人难免失望，因为令人满意的事不会自己出现在环境里。

如果是处于创造取向，你会创造出让自己满意的事，不用依赖环境。然后你会带着满意的心情到你必须面对的环境里去。

你永远不用等待你参与的各种案子来让你感到满意。因此，你也不用推测或瞎猜哪些计划会让你感到满意。你需要考虑的，就只有你对于那些计划是否有足够的参与感，你是否知道，不管你自己做了什么，你总是会有一定程度的满意。当你参与一个案子时，你不会别有心思——你不是因为分析了会有什么收获才参与的。你所拥有的就只是满腔热忱，全心投入的目的就只是为了看到案子大功告成。

一旦你做出某个基本选择，例如你选择忠于自己，你就是为自己的人生开创了一个新的结构，那结构中的最小阻力之路会帮你落实你的基本选择。

在这个新的结构中，也许你会发现突然间自己很容易就能把你不喜欢的承诺抛诸脑后。你也许会突然间改掉多年积习，像是嚼舌根、爱打扮、抱怨与责怪别人，或者喜欢找人取暖。你之所以能够戒除积习，是因为你遵循自己的基本选择，获得了庞大的力量，而不是因为你硬逼着自己改掉习惯。

我用来训练心理治疗师的方法之一就是利用基本选择。我鼓励他们，首先透过治疗来让病人知道自己想要的是什么（首要选择），我也建议他们跟病人解释次要选择具有什么能量。接下来的重要步骤是要治疗师们鼓励病人做出基本选择：选择实现完整的自己、选择健康与自由，并且忠于自我。大多数人在做出基本选择后都能创造全新的人生取向。除非他们能够选择这样的取向，否则治疗就不会有效，或者效果不能长久。

首要选择与基本选择

首要选择关乎具体的成就，而基本选择则是关乎人生取向或存在状态。

第十三章　首要、次要与基本的选择

你可以做出"成为交响乐团乐手"的首要选择，而且为了达成这一目标而做出一个个次要选择。然而在这过程中，你却可以不用做出任何能够发挥最高潜力的基本选择。

你的首要选择，也可以是拥有一间颜色很漂亮的房屋，把衣橱整理好或是发展出一份充满趣味的事业，但同样的，你也不用透过基本选择让你成为自己生命中的创造力。

很多人都选择走向宗教之路（首要选择），但是却没有先做出以最高精神信仰为生活准则的基本选择。

很多人选择结婚（首要选择），但是却没有透过基本选择来选择忠于自己的夫妻关系。

基本选择与反抗—顺应取向

处于反抗—顺应取向的人都未曾针对自己的人生做出忠实的基本选择。

值得注意的是，做基本选择时并不一定要非常正式。有些人就算没有正式做出基本选择，还是能够忠于自己。但是，基本上，透过他们的生活方式，他们就等于选择忠于自己了。然而，如果他们能够正式进行选择，透过选择而产生的力量将会更为庞大。

在从反抗—顺应取向转移到创造取向的过程中，如果你没有做出基本选择的话，就会造成关键的差别。若是你并未做出基本选择，选择成为自己人生的主宰创造力，无论你企图透过任何作为来帮助自己或是强化自己的人生，你也只是用更为精细的方式来针对环境进行反应而已，结果这只会强化你的反抗—顺应取向。此外，在反抗—顺应取向中，你可能会试图改善自己，尽管此举可能会让你产生改变与变动的假象，但是不太可能真的出现任何有意义的改变。即便你的作为看来可能有暂时的效用，但却无法落实你内心最深处的真实欲求。

反过来说，一旦你做出基本选择，选择成为自己人生中的主宰创造力，不管你采用什么方式来改善与发展自己都会有用,而且你也特别容易发现那些对你而言最有用的方法。

主宰自己人生的创造力

整个创造取向的基础,都建立在一个基本选择上:选择成为主宰自己人生的创造力。一旦你做出这个选择后,你就会觉得现有处境的意义改变了:

它不再是一种你被迫接受的外在环境,你会养成一种人生观,认为现有处境与创造过程相关,对你而言是一种必要的回馈。选择成为主宰自己人生的创造力并不意味着你必须逼自己接受另一种现实观,你也不用透过意志力来自我控制,或是时时牢记某个座右铭,抑或自我肯定,摆出某种姿态。那只是一种选择,你会选择是因为你内心有一股欲求,想成为主宰自己人生的创造力,而不是因为出于匮乏或冲突,甚或因为环境的缘故,而是因为那就是你想要的。

做过选择后,"欲求"一词的意义对你而言就改变了,它从"无所谓的愿望与希望"变成"人类所怀抱的崇高真实愿景"。"尽人事"一词的意义也不再是"为了企图恢复情绪平稳而采取的行动",而是变成"为了将怀抱的愿景彻底实现而采取的行动"。

此外,你生活的整体特质也会有极大的转变,从原本的悲惨、沉闷、痛苦、忍耐、挣扎、千篇一律与无聊等反抗-顺应取向的特色变成创造取向特有的充满刺激与冒险。因为这一基本选择,你时时刻刻都有可能表达出真正的人类精神,任何完善美好的事物都有可能会出现。但你之所以做出这一选择,不是为了让自己免于痛苦或挣扎。事实上,当你做出这一选择之后,你才更加能够全心投入人生,无论时机好坏。

第十三章　首要、次要与基本的选择

情绪、态度与行为

当你的取向转变为创造取向时,你的许多态度可能还是没有改变。也许,你还是一样讨厌某些人、一样因为办公室里的小事而生气、一样对自己的经济问题感到气馁。也许你的政治与宗教立场仍然没变,也许你还是比较喜欢住在世界上的某些城市与地区,也许你还像过去那样消极、爱批评与暴躁不安。人生取向的基本改变主要并非改变你的态度、风格或生活方式。然而,你还是会感觉到改变。你会做出任何必要的改变,借此支持自己身为创造者的生活方式,把生活用于创造自己认为重要的东西。

许多改变将会导致你的人生面貌与过去完全不同。有些人在做出忠于自己的基本选择后,改变了自己的工作环境、人际关系、行为,也有能力朝自己认为重要的东西迈进。凡是与忠于自己这个目标有违的事情,他们就不会再做了。

在我们的"创造技术"学员档案里,例子可说俯拾皆是。其中有一位所在公司名列《财富》前五百的资深副总裁,他发现自己进入企业后就一直以成为公司 CEO 为目标。当他做出了忠于自己的基本选择时,他才发现自己在乎的从来就不是 CEO 一职。然而,他的确在乎自己所效力的公司。当他重新检视自己在乎什么时,他发现真正想要的是好好领导他已经在负责的那个部门。他决定继续做现在的工作。他之所以能对公司重生一股热情与干劲,都是因为做出了基本选择。当高层提议由他接任 CEO 一职时,他拒绝了。如今他的工作效能比以往都还要高,他爱自己的工作,不再因为有一股"想往上爬"的空洞抱负而有负担。

另一个学员本来是事业有成的顾问,但她做出基本选择,选择忠于自己,她就决定转换跑道。她喜欢当顾问,但她发现自己真正喜爱的是和许多人共事,而不是与他们在狭窄的商场上互动。她发现顾问工作只是可以帮她达成真正目的的手段。于是,她在 36 岁时到某家知名大学研读心理学,如今是一位事业有成的临床心理师。

第 2 部分　创造的历程

有个学员当了许多年的老烟枪，年约四十出头时他决定透过基本选择成为一个健康的人。过去他曾戒过几次烟，但都没成功过。当他做出这个基本选择后，他不但彻底戒了烟，改变了饮食方式，也开始规律地做运动。就算他没有做基本选择时还是能够采取上述所有行动，但是成功的机会却不会那么大。过去他也曾试着去做那些事，但从来没办法把它们变成自己的生活方式。

当你做出某个基本选择，你就会让你的性格特质发生作用，如此一来它们就能够在你的生活中彻底彰显。你的每一个特性都会成为现实处境的构成元素，成为创造历程的一部分。此外，这一取向转变的重点并非行为的改变，而是具有影响力的潜在结构改变了。你的行为当然会不一样，但那是因为结构改变而自然衍生的后果，因为创造取向的最小阻力之路会引导你的行为助力于创造你想创造的东西。

所以说，如果我所描述的这一转变不是行为、情绪、态度或生活形态的改变，那它到底是什么呢？它是你的存在结构的改变，这一改变将会决定你是否有能力把你自身最崇高的那一面在这世上展现出来。

如何进行基本选择

进行基本选择的方式大致上与首要选择一样。

首先，你所选择的一定要是你真心想要的。这个步骤很关键。如果你不是真的希望成为主宰自己人生的创造力，你就不能做出那个基本选择。

如果你不是很清楚是否想要那个选择本身，它就不能算是你的基本选择。例如，也许你选择的是自由，只因你觉得不自由。就此而论，你选择自由只是为了反抗不自由。你不是为了自由而做出基本选择，因为你还不知道自由是怎么一回事，你只是不想要继续不自由而已。在这种情况下，如果你以自由为基本选择，其实是没有意义的，因为就结构的角度而论，这对于你的自由并不会有太大影响。

如果想要以自由为基本选择，首先你必须真正体会自由是怎么一回事，

第十三章　首要、次要与基本的选择

并且意识到自由就是你想要的。"如果你能拥有自由，你愿意吗？"如果答案是肯定的，那么自由才是你真正想要的。在做这个基本选择时，如果你知道自己想要自由，与过去、现在与未来的环境都没有关系，你就能够轻易而且清楚地选择自由。

在从反抗－顺应取向转移到创造取向的过程中，"自由"这个基本选择是不可或缺的选择之一。以下是几个让转移过程得以彻底实现的步骤。

步骤一：

了解你真正想要的是什么。为了做到这一点，请你想想看以下几点是不是你真正想要的。不要认定它们自然而然就是你想要的。事实上，我想请你不要进行任何假设。一开始不要有任何先入为主之见。我建议你至少要花两分钟时间想一想，但时间不要超过五分钟。

你想要：

1. 成为主宰自己人生的创造力吗？
2. 忠于自己吗？
3. 获得健康（包括身体、情绪、心理与性灵等各个层次）吗？
4. 自由吗？

步骤二：

选择你想要的东西。如果你想要的是自由、健康、忠于自己，还有成为主宰自己人生的创造力，那么请你依序在内心正式做出以下四个选择，对自己说：

1. 我选择成为主宰自己人生的创造力。
2. 我选择忠于自我。
3. 我选择健康。
4. 我选择自由。

基本选择的效用

如果你做出了基本选择，假以时日，你也许会发现自己的生活方式有了一些自然的改变与转变。也许你会注意到自己非常自由、非常健康,而且极为忠于自己,同时也能彻底与有效地创造自己想要的东西。这些改变都是从新的人生取向与其结构衍生而来的。

你会自然而然地重整人生,借此符合上述的四个基本选择。环境的改变可能快也可能慢。但一旦你做出那些选择后,时间就站在你这一边了,因为如今你人生的结构性倾向是趋向于落实那些选择的。

此刻你可能自然而然想要问一个问题:可以举例说明这种人生的改变是怎么一回事吗?但是在创造取向中,我们没办法预测这种转变会是怎么一回事。事实上,如果我们不试着去探寻这种转变的模式与样貌,对我们可能还比较好一点,因为一旦有了既定样貌,我们就会不禁试着照那个样貌去行事。

尽管贝多芬与莫扎特都是伟大作曲家,但是贝多芬的创作过程漫长而乏味,与莫扎特的快速与精彩截然不同。创造自己想要的人生时,你的创造方式与其他任何人都会不一样。

如果你看书看到这里都还没有做出自己的四个基本选择,我建议你跳到前面,好好考虑那四项选择。如果你真心想要它们,就做出选择。

我可以描述香草口味冰激凌的味道给你听,但是直到你亲自品尝以前,你都不会了解我所描述的是什么。事实上,切实做出那四个基本选择完全不同于只是过目一遍。想要体验基本选择的力量,最好的方式就是做选择。

第十四章

Assimilation
同化期

每当你把学到的东西同化时,你的同化经验都会变得更为深入。甚至你也把未来的学习经验都予以同化了。因此,专业演员在背台词时才会越来越快。音乐家在演奏一些困难的乐段时,也会越来越熟练……

一个自然而普通的阶段

同化期在萌芽期之后接踵而来,它是成长与发展过程中最为自然与普通的现象。我们都很熟悉"同化"这种现象。小时候我们学走路时,当我们开始把平衡、协调与运动等技巧结合在一起时,我们就曾体验过"同化"是什么。当我们开始学说话时,我们也是把母语的语汇和语法同化并结合在一起。当我们开始学写字时,我们所同化的则是字母与词汇,还有用笔时必要的肌肉运动。接着当开始学骑自行车时我们所同化的则是一边保持平衡一边踩着踏板往前行进的技巧。

成年后，我们持续把同化的技巧运用在运动、专业、人际关系与日常生活等种种领域里。

同化期是成长与发展过程中的重要阶段，因为我们就是在这个阶段里把错综复杂的身心技巧结合在一起，把它们变成自身内在一部分的。

然而，同化期却仍然是大家都不太了解的。

同化期的开始

我们对于同化期的了解之所以那么少，理由之一是在这期间，成长与发展是暂时看不出来的。有很长一段时间，仿佛没有任何大事发生过或者就算发生也没人知道。同化期刚开始时常见的现象是没有发生任何改变。此时，萌芽期的兴奋感刚刚消逝，但创造活动的新发展却尚不明显，人们常常会放弃追求他们想要的成就。许多学音乐的学生就是在这个时候放弃学习乐器，也有些刚开始去做运动或体适能活动的人不再去健身房。许多学外语的成人则是失去兴趣，或者变得"忙到学不下去"。

在这创造周期的关键阶段里，创造者常感受到的情绪包括不安、挫折与失望。他们会说："似乎没有任何动静""看起来我好像没什么进展""我看不到任何进步的征兆"。

如果你仍处于反抗—顺应取向之中，此时你的最小阻力之路就是放弃。

放弃的目的就是避免挫折、失望与觉得浪费时间等情绪。

如果你处于创造取向中，同化期之初的关键时刻里虽然看来没有任何动静，但却不是一种威胁，主要理由有两个。

第一个理由是：处于创造取向之中的人都知道，创造历程里有些时期本来就似乎没有任何动静。他们了解的更深刻的道理是，那些他们正在创造的成就此时并非发展停滞，而是获得了强化。这个道理是经验之谈。

学骑自行车时，有一段时间——有可能是一天，也有可能是一整周，学骑车的人常常失去平衡而跌倒。许多帆板运动的初学者发现，刚开始时他们掉进水里的时间远比站在帆板上多。至于刚开始学电脑时，做算术与写备忘录所用的时间也可能比手写还要多。同化期是个充斥尝试、错误与实验的阶段，这是极其自然的。但是，透过实验你却能有所得，进而达到你想要的成果。失去平衡、从自行车或帆板上掉下来并非失败，而是学习的经验。你会把这种学习经验吸收与同化，成为自己的直觉式知识与能力。

同化不只是一种学习，因为透过同化，你会让学到的东西成为你的一部分。创造历程是一种持续学习的领域。此外，你不只是学到了你在练习的技巧，也有了以下的体悟：

1．你能够学习。
2．在任何创造历程中，你能够把你所需要的一切知识予以同化。

每当你把学到的东西同化时，你的同化经验都会变得更为深入。甚至你也把未来的学习经验都予以同化了。因此，专业演员在背台词时才会越来越快。音乐家在演奏一些困难的乐段时，也会越来越熟练。计程车司机在学习新的行车路线时，一样是日益驾轻就熟。透过学习，汽车技师能够更快就看出问题所在，并且了解新引擎的设计原理。

同化与结构性张力

在创造取向中，同化期之初之所以不会让创造者感受到威胁，还有第二个理由。即便你觉得似乎没有任何改变或者想要达成的结果没有进展，但是这个观察结果就是你对于现状的描述之一。因此，这个观察的功能就是可以用来凸显"你所拥有的"与"你想要的成就"之间的落差，进而强化结构性张力。

越来越深入的同化现象

在实现愿景的过程中，同化现象也会越来越深入。

当我刚刚到波士顿音乐学院就读时，竖笛演奏家艾提里欧·波多（Attilio Poto）是我的老师。第一周他要我学的东西比我既有的程度困难许多，而苦练一周后我还是演奏不好。到了第二周课程时，本来我以为波多老师会要我至少再花一个礼拜练习同样的东西。结果，他却要我练习书里的下一个作业，与我先前苦练一周的东西相较，它更是难上加难。

我又花了一整周时间练习演奏新功课，等到要上第三周课程时，我还是演奏不好。我跟波多老师反映，应该让我把那个功课多练一周，我的技巧才能更为纯熟。波多老师笑而不答，只是把课本翻到下一页，那功课更难了。

三周以来，他指派给我的功课越来越难演奏，我每次即使都练了一周，但却都演奏不好。

到了第六堂课，波多老师又返回第一周的功课，也就是第一周时他要我演奏的东西。尽管我已经有五周没有练习了，我却能演奏得很好。接着他又返回第二周的功课，我还是一样有好表现。

波多老师深谙同化期的道理，但当时我才刚刚开始了解而已：如果想要把你现阶段的东西予以同化，最有效的方式就是接着进行下一个阶段，即便你觉得自己还没有准备好。当你进行下一个阶段时，你就有办法把前后两个阶段的东西结合在一起，效果会超乎你的想象。

同化是一种内在的历程

当你开始把愿景予以同化时，你内在的创造历程已经开始有所转变，产生相互配合与连接的作用，形成了种种关系。你整个人会自然而然聚精会神起来，你的每一次呼吸、一举一动、生活方式都是以愿景为依据。创造历程到了这个阶段，你的意识层次思维与内在的直觉式思维常常会有所互动，创造活动开始获得了新的生命。创造活动本身开始有了自己的身份与本能、发展规则与韵律以及自己的能量与精神。

美国诗人丹·夏纳罕（Dan Shanahan）曾经如此描述这个创造者与创造活动开始出现互动的创造阶段：

第十四章 同化期

写诗二十年后,我才有时间观察我创作历程与方式的改变。十八九岁时我刚刚开始写诗,字词是最重要的。通常只要一个字就能让我获得灵感,完成一整首诗。

然后到了二十出头时,我开始看到语言在我的身边四处流动,无所不在。不管是石头、天空或是人们的热切眼神,好像世间一切都在对我说话、唱歌。写诗所需的一切好像水果一样高挂空中,让人可以随手摘取。对我来讲这是一大转变。

如今,我的内在有一个声音呼喊着,或是让我意识到某个地方抑或有一连串意象,我试着把内在记忆的语言与我对于周遭世界的反思结合在一起。我现在比较信任这样的做法,比较不那么拘泥于我对于诗作的概念。传统的声音与意义结构仍在,但是多年来与诗为伍的经验让我得以持续发现与创造出到目前为止都没有人知道的表达方式。

过去几年来,我都是用可以挂纸的大型白板来写诗。白板的表面很大,这让我得以把那些意象当成图画。我可以时而走向我的诗,时而远离,好像把它当成风景画。诗作是靠自己扩张而且独立存在的,不太需要我。它有了生命,我们双方会来回对话,一问一答。

就像刚刚种下去的种子会发芽,在土壤里立足,你的愿景刚刚萌芽时也会在你所建立起来的结构性张力中生根。

一旦植物根部的基本系统建立起来后,这一结构的最小阻力之路就是从土壤里冒出可见的嫩枝。接下来的成长过程不但会往内在深入,也会向外彰显出来。

当你的愿景在同化期开始生根时,随着创造活动的开展,它的运动会越来越深入,也日益明显。

演进的同化阶段

1970—1971年间,大部分时间我都住在森林里观察自然周期的变化。身为作曲家,我总是喜欢设法找出大自然的各种结构性原则,将其融入我

第 2 部分　创造的历程

的作品中，对我来讲，森林的环境就像是一个大教室，让我认识自然秩序与各种交互影响的演进力量。

那一段期间我开始更深入地体悟一个原则：旧的形式瓦解时总会有新的形式崛起，就像枯死的树干上会长出青苔，枯死的树叶之间也会冒出幼苗。这种生灭不息的现象自然有其道理可循，它充塞于森林的演进系统之间。

在创造历程中，也有一种类似的道理存在，特别是在创造周期的同化阶段里。同化是一种演进的历程，从中产生的某些力量将会自然而然地建立起新的有用结构，也有一些力量会自然而然地把已经过时而且比较没有用的结构淘汰掉。

新英格兰地区拥有全世界最漂亮的秋叶景致之一，叶色五彩缤纷，有鲜红、淡黄、蓝紫、鲜橘等颜色，与深绿、银色与灰色的常绿树叶和尚未变色的叶子混在一起。树叶变得晶莹剔透，好像阳光可以射穿它们，美景令人屏息。很快，那些颜色扩及地面，整个乡间的树上与树底都变了色。从 9 月底一直到 10 月的大部分时间，还有 11 月的第一周，新英格兰地区呈现出变化万千的活泼面貌。

接着，树上变得光秃秃一片。地上树叶色泽黯淡。秋雨降临，大地一片萧索，空气冷冽。观光客都不见了，新英格兰人都躲入了室内。它们开始准备度过漫长寒冬，与其说那是一个季节，不如说像是没有尽头的夜晚。新英格兰人从来没有想过要试着把那美丽的季节保留下来。

他们并未保存那些颜色鲜艳的树叶，而是收集起来，把它们点成一个小火堆。没有人登梯爬树，把树叶都用订书机钉回树枝上。

然而，我们并不总是能够把这种智慧运用在生活的其他领域，并且敬畏大自然的力量。我们人类有留恋的特色，想要超越季节与生命的循环。我们常常会怀念珍贵的美丽时刻，不断留恋，而且通常都是等到太迟的时候。我们害怕结束，我们痛恨改变，我们无视于四季交替与生命的循环。

第十四章 同化期

这些循环不会因为我们的忽视就消失，各种交互影响的力量会遵循最小阻力之路。随着成长阶段的发展，这些力量会依序进入形成期、成熟期与衰败期。当衰败期来临时你却想要维持现状，只会徒劳无功。当新的形成期来临，你却试着维持现状，你也一样不会成功。

时候到了，有些东西会聚集在一起，但也有离散的一天，这是一个演进的过程。如果你想要用人为的方式来控制演进的历程，你不只会失败，还会培养出一种无视生命演进本质的态度。你不会了解周期的运行方式也不会知道四时运转之道。

也许你想要维持住一段即将分崩离析的关系。如果它的运动方向是朝着崩离而去，你的所作所为只是延后了它结束的时日。如果你想维持住，但它却快要分崩离析了，那一股崩离的力量只会更为强烈而已。理由在于，结构因为你的人为介入而产生了补偿作用。

在创造历程中，改变是一种规律。旧的生命会被新生命取代。老的形式之后又会有新的形式崛起。旧观念与价值也终将不敌新的观念与价值。生命是会运动、变动的，有时变老，有时变年轻，不会有任何东西变成化石。创造历程就像是一个不断浴火重生的历程，新生命从过去的灰烬与尘土中兴起。

反映出这一原则的是丹·夏纳罕根据一个真实故事而写成的诗作《阿尼亚克老妇的故事》(*Story of the Woman of Aniak*)，收录在他的《阿拉斯加诗集》(*The Alaska Poems*) 里面：

每年莓果成熟时她会离开村子，
独自走入苔原的她禁语不食，只吃莓果，
借此恢复精神。
七天后她回来了。
没有人担心她，因为她是充满智慧的，
爱斯基摩老妇，知道怎样照顾自己。
某年，阿尼亚克的每个人都知道她将一去不返。

第 2 部分　创造的历程

老妇人跟以往一样，
因为长年静默而散发炯炯目光。
村里的人感觉到她离开了，她的脚步穿过他们，
带着悲伤与认命的心情。
七天后有人循迹而去，
过了两天才找到她。她看来像在睡觉。
她的脸庞如天空般安详。
她已经拖着疲倦的身躯尽可能走远，
最后在苔原上，抛开身体而去。

该离开时就知道要离开，这实在是一种不凡的智慧。与这种智慧冲突的，是人类喜欢在不该坚持时继续坚持下去的本性。罗伯特·弗罗斯特的诗作《勉强》（Reluctance）把这一情况描写得很优美：

啊，到何时人心才会认为
与万物一起变迁
不是一种倒行逆施
优雅地屈服于天道
鞠躬接受结束
不管是爱情或季节

当你建立起一股结构张力时，最小阻力之路可能会包含着从旧形式衍生出来的新形式。有些观念、事件、安排、关联与表达形式可能会改变，然而这一改变却是创造历程的演进本质。

这与社会上一般的观念是多么不同啊！我们总是希望在一个只会不断改变的宇宙里守住永恒。

最能反映出这一原则的，莫过于美国商界。整个 20 世纪 60 年代美国商界一片荣景。许多企业人士认为，他们必须面对的唯一挑战就是必须设法增加不断扩张的毛利率。当时的经济持续稳定增长，处于全面扩张的状态，美国商界认为那是他们的"成就"。尽管当时商界应该进行创新，大家

却都自满了起来。但是时代改变了,世界持续往前走。难道美国消费者会被竞争力持续成长的亚洲业界抢走是什么意外之事吗?美国汽车制造商只剩最后一招,也就是诉诸最不牢靠的爱国情操,呼吁大家购买品质较差但价格昂贵的国货。

突然间,商界一片恐慌。为了反抗这一新环境,出现了类似"再工业化"的词汇,成为当时的流行标语。美国商界开始采纳日本的管理方式,品管圈、劳资合作与员工入股制等经营模式像野火般扩散开来,但是美国商界只是在玩苦苦追赶的游戏而已。机器人威胁了人类的工作机会,创新的速度变慢。新专家游走于美国各大企业之间,就像受雇枪手在旧西部大行其道。企业的性格改变了。年轻的经理人挣得了一席之地,他们的态度激烈、理解力强、有活力而时髦,放弃了过去董事会会议室里常见的牢靠、安稳、有条理等气质。还有校友会,散漫与有创意变成了主要的风格。一开始改变的是高科技业,接着是金融业与华尔街,老旧牛仔裤与设计品牌牛仔裤变成新的大企业地位象征。公司里如果有些员工看起来像20世纪60年代晚期的嬉皮,好像也不是什么坏事。反应快而懂得应变的经理人在组织里跃居高位,老派的经理人全都被赶出了门。

但是大家没搞清楚重点。如果美国商界只是追随潮流,而非能够敏锐地察觉时代变迁的话,那么美国所培养出来的资深高管恐怕都会误认为,所谓进步,就只是组织一支会戴耳环、听摇滚乐与熟知最新时尚风潮的管理团队。如果我们只是追随潮流,那就永远都会赶不上时代,因为等到某种东西变成潮流时,就已经没有创新的成分在里面了。我们不能死守过去,甚至不能死守现在。

美国的商界能够学到教训吗?可以。美国与美式生活的最美妙特质就是生来勤奋与充满热忱,美国人天生就讨厌官僚体系。美国是一个大国,始终怀抱着想要功成名就的人类特有冲劲。难道这只是一种漫无目的的企图心,就像已经不再具有创意的欧洲对于美国的看法?或者西方已经在精神上破产了,就像苏联小说家索尔仁尼琴(Aleksandr Solzhenitsyn)所宣称的那样?

我的答案是否定的,但是时代还是会一再改变。来自日本的挑战对于美国来讲可说是一件非常好的事。因为,美国本来就具有革命的精神与传统。

而这一革命的目的不只是为了推翻旧秩序,而是为了附加更高的价值。我并非熟读美国历史的人,我只是跟任何美国人一样对我们犯的错与罪行抱持批判的态度。我不认为美国有多么纯真、正义、勇敢、纯净与崇高。从东岸到西岸,到处都可以看到最奇怪与诡异的事情。但是美国有一个最大的可取之处,那就是学习能力。崛起的亚洲经济强权就是我们最好的老师。

同化期的关键:体现你所体现的,常常就是你创造出来的。这个原则是同化期的关键。

体现与行为截然有别。把内心的宁静体现出来不同于平静的外在行为。不管是在商业、外交、宗教、政治与个人关系的领域里,总有些人能够用平静的方式来表达恨意,遂行暴力。

那些"和平斗士"所体现的不是和平,而是斗争。那些担心自身健康的人所体现的也不是健康,而是恐惧。至于那些对于权力与财富有贪欲的人,一样也不是体现权力与财富。

本世纪最伟大的道德标杆之一就是马丁·路德·金(Dr. Martin Luther King, Jr)。尽管他的确是个聪明透顶的人,但是他的领导能力并非来自他的高智商。尽管他是20世纪最有辩才的演说家之一,但他的领导能力不是来自他的演说技巧。尽管他是人类史上最勇敢的人物之一,但他的领导能力也不是来自他的勇气。尽管他拥有美国社会最具原创性的精神,他的领导力也不用仰仗他的原创性。尽管他拥有上述的种种特质,但他还是有可能无法撼动这个世界。马丁·路德·金之所以能够在自由与正义的历史上留下永难磨灭的印记,是因为他有能力体现自己所标举的那些价值。

第十四章 同化期

马丁·路德·金不只传播和平理念,他自身就是和平理念的化身。他不只歌颂同情心的价值,对把他当敌人的人也怀抱着同情心。他不只强调怜悯,他自己就能把怜悯体现出来。他不只鼓吹自由,他就是自由的化身。

马丁·路德·金也是个懂得善用结构性张力的大师。在《我有一个梦想》(*I Have a Dream*)这一段知名演讲里面,他不但描绘1963年的美国社会现状,也勾勒出心里的自由与公理愿景。这些意象的力量深入全世界的人心。自从他发表演说后,所有人心里都浮现了希望的意象。随着现状的改变,我们仍能抱持梦想。我们可以把自由与公理的愿景拿来跟世界的现状比较一下。我们是否能朝理想迈进,正视自己是否有心。这一美梦不会因为时间而流逝,只会变得更强大。这是我们为子孙后代留下来的遗产。尽管我们必须如实面对现实,也一样必须如实面对美梦。我们与美梦的距离可能时近时远,但是对于美梦的吁求永远是存在的。

在位于洪都拉斯境内的一座萨尔瓦多难民营里,一位年轻的难民女孩站出来自动自发地祈祷,表达出她想要体现崇高价值的愿望:

尽管我被压迫,但我承诺我不会压迫别人。

尽管我被剥削,但我承诺我不会剥削别人。

尽管我受苦受难,但我承诺我不会让别人受苦受难。

尽管生活在一个充满谎言的世界里,但我承诺我不会说谎。

喔,天父啊!请帮我实现这些承诺,让我的心里不要有想要压迫别人的想法,伸张正义,维护真相,如此一来或许我可以在自己的生命中看到你的出现。

如果你所体现的是创造历程,生命在变动与改变的过程中,将会帮你的忙。这就像是你应该与自己的人生为友,而不是为敌,如同古代禅宗的偈语所言:"清举手指,宇宙随之。"

这一体现行为不只是要采取正确的行动或者找出新的回应方式,它所体现的是结构性张力,它体现的是你的愿景和现状。

凯萨琳·布莱克（Cathleen Black）过去曾当过《女士》（*Ms.*）与《纽约杂志》（*New York*）等杂志副主编，如今已经是《今日美国》（*USA Today*）这份革命性报纸的发行人，她曾用简单无比的一句话来说明何谓"体现"：

我只效力于我自己相信的媒体。过去对于与我打交道的人来讲，我就是《女士》，如今我就是《今日美国》。

当你体现某种事物时，你不用做任何事，但你自身就说明了一切，这就好像所谓"行动胜于言语"一样。

此外，你也会把你所体现的事物予以同化。在这一过程中，你的内在发展也会与你所体现的事物一致。你的意识的所有层面也会自动相互配合，一切以你所体现的事物为依归。

同化的两个阶段

同化与体现一样，也有两个阶段：内化与外显。你所创造的东西在你的内在世界里成长，当你把它创造出来时，它终于往外自我展现出来。

在同化的过程中，你的内在与外在都必须采取行动。这种能量会自动生发积累，所以它的最小阻力之路是从内化到外显的表现。

当你在学一种新的语言时，你会历经上述两种阶段。首先，它对你来讲就是一种"外在的语言"，直到你在练习的过程中逐渐将它融入自己。你越是接受它，它就越能够成为你的一部分，这就是同化的内化阶段。当你把某一种新的语言同化之后，你的外语就变流利了。你有办法造句、学习词汇，学习概念上越来越复杂的语法。最后，那种外语终于彻底成为你内在的一部分，因此，你可以用它来思考、来想象，甚至做梦。

当你能够自发地用那种外语讲话，与其他人沟通时，同化就进入了外显阶段。你很容易就能把新的词汇记住，自然而然地把它用出来。事实上，你可以用这种新的语言来讲话与书写，创造出不曾有人教过你的东西。

第十四章 同化期

把同化的过程用于你的生命中

被你同化成内在的一切通常都会外显出来。内在的改变也会透过外在表现出来。你并没有办法改变外在环境的每一个环节,但是你一定能够从内在进行改变。你不需要任何人的允许或同意。你不用等待外在资源给予你力量。当你对自己的创造历程越来越熟练了,你可以把每一个新的创造活动都予以同化,这也会让未来每一次创造的成功概率越来越高。你可以借由体现自己的创造历程来产生动能。

第十五章 Momentum

创造的动能

在创造取向中,当你能够持续把自己一路上采取的步骤予以同化,潜在的结构就会自行重整,因此,最小阻力之路就会直接迈向你想创造的东西。而且,不断增强的动能也能帮你更有效地在路上行进……

同化作用如何累积动能

同化是一种渐进的过程,它是一个个步骤相互累积起来的,而这个演进的累积过程会产生能量。这一能量不断自我聚积,整个同化过程也就获得了动能。

如前所述,同化作用在成长或学习初期开始发挥效用后,你的同化能力会越来越强,无论是学习数学、管理、运动、烹饪、缝纫、会计、电脑科学或外语,都是这样。一旦你把学习的步骤予以同化之后,动能就聚积了起来,接下来你甚至有办法把更为高阶的步骤予以同化。事实

第十五章 创造的动能

上，同化的过程会越来越容易。

如果你已经学会某种外语，想学另一种新的外语就会比较容易。学习外语时，你不只是把那种语言同化，被你同化的还包括你学习外语的能力。如果你学会了两种外语，学第三种时就会更为容易。

同化的结果也许是导致等比级数般的快速成长：同化了某件事物后，你就更易于同化越来越多事物。事实上，在创造取向中，一旦你把自己的创造历程同化了，你对于自己生命的整体掌握能力就会大增，当你想要创造对你而言最重的东西时，也就更为自然与容易。

这个成长过程到了某个时刻，你的能力会发展到一定的程度，此时你终于确定自己有能力进行创造。之所以能够确定，不是因为你运用了自我肯定或者自我催眠的手法，而是你真正体验到了自己的成就。你的创造活动不只能为自己发言，它也会对你说话。它会说："你能创造。"等到你屡屡完成"萌芽、同化及完成"的创造周期后，你就会相信自己是个创造者。在那之前，就算你再怎样自吹自擂，你也无法相信，因为那还不是事实。"我能做到！"或是"只要我想要，没什么办不到的！"之类的口号最多也只是虚张声势，口号所说的并不真实，也不重要。如果想用这种扭曲的方式来培养自信，你将会难以精确地评估现状。

你是不是真能创造出自己想要的东西，我们必须按照实例来判断：等到你真的创造出来后，你才是确实能够创造。只有等到你完成了，你才能够百分之百精确地说那是可以完成的。除此之外，一切都还有待观察。电子发明家斯坦福·沃佛辛斯基（Stanford Ovshinsky）拥有一百多项与高速双向仪器有关的专利，在他的中驱动机被世人普遍使用之后，他曾在某次专访时表示：

它让我确信自己是个发明家，确信我做得出先前完全没有人想过的东西。

那是一种自我肯定，一种正面的强化作用。一旦你开始拥有那样的成就，你会心想，对啊，我会发明……没有错……我喜欢这样……这真是刺

第 2 部分　创造的历程

激……这就是我想要做的。所以，那可以说是你自己做出的承诺，就某种意义来讲，也是你回应的一种呼声。

同化是一种透过累积而建立起来的过程，这种过程是在一段时间内逐渐累积的。因此，同化阶段的改变并非一蹴而就，而是慢慢发展出来的。

在日本，想要成为熟练的寿司师傅，必须花七年的时间。想要把大提琴练好，通常需要二十年以上的光景。至于家具工匠的技艺，则是往往要花至少十年才能学起来。

在创造取向中，学会创造人生的过程也不是一种立刻能达到的转变，因为同化阶段是创造历程不可或缺的部分，需要一段时间累积酝酿。

许多心存善念的人在发展自己的"人类潜能"时，常常希望转变能够立刻发生。那些提倡人类潜能的理论大多也以这一希望为号召：他们提倡"得到……"，好像一旦得到他们所说的东西之后，人生就会永远改观。有人则是说，应该"改变脉络"，一旦改变后现实的本质就会显现出来。还有人主张"顿悟"，一旦有了"顿悟"的经验之后，你就能了解宇宙的终极真相。

也许那让你获得启示的瞬间要经过好几年才会来临，但根据这一类理论，一旦获得启示后，你就算是"大功告成了"。

"突破"的概念就是以这一理论为依据。首先你必须想象出一个不存在的障碍，以它为突破的对象，然后面对那个障碍，你必须抵抗它对你构成的"阻碍"，"越过"障碍后，你的前途就会一片光明，大放异彩。有些人想象他们的人生布满了一个个有待突破的障碍。他们所说的经验也许是真的。如果他们不进行实验，透过实验学习，将学到的东西加以应用，并且把这整个过程予以同化，一辈子难免要不断用头去撞那些障碍——障碍是想象的，他们自己能力不足才是真的。

所谓"大功告成"的概念则是一种幻想退休的美梦。对于许多人而言，人生是由一连串讨人厌的工作构成的，直到有一天他们不须为了工作谋生才可以停下来。接下来就是好好休息，然后等死了。也许你可能会赢得一大笔赌金，如此一来就能提早辞职、好好休息，最后还是等死。但创造者几乎都不会退休。

某天我跟老婆萝萨琳邀请一男一女来家里吃点心、聊一聊，二人都是富有魅力的人。他们俩都是专业的创作者：她织的布都非常漂亮，他则是个世界级的陶匠。我们自然而然都会聊到艺术。我问他们是否认识退休的艺术家，或有听过谁退休的。

他说："没有。"

她也同意："半个都没有。"

事实上，我也一样。也许在世界上的某个角落的确有某个退休的艺术家，但那一定是罕见的例外，上帝还曾休假呢。

但这件事在社会上却是如此截然不同，许多人都是以退休为目标。通常他们的退休梦就是买一部休闲用的交通工具，每逢冬天就移居太阳带，夏天搬回寒带地区。这种事也许能带来三分钟热度，但是像这样整天观光的日子可以过多久呢？

创作活动与其他大多数领域的最大差异到底在哪里？为什么我们很少看到某位创作者悄悄引退，再也不提笔写作或画画？

因为每位创造者内心深处都渴望创作。这不是一般人所说的自大，而是一种更为崇高的目的。对于创造者来讲，他们总是有下一步可以走，有新的地方可以去。他们不会只是看时间过日子，等待一切告终。

创造者似乎天生就与生命的根本，也就是与创造活动密切相关。在一个有那么多东西可以进行创造的世界里，创造目标怎么可能有耗尽的一天呢？

偶尔我在与人聊天时会发现，对他们来讲，人生仿佛一座牢笼——他们觉得人生在世有"重重业障"必须消除。等到我们有所了悟了，同时也把自己在世界上所犯下的一切罪孽都消除了，也就是我们可以离开的那天了。毕竟，人生不就是一连串的苦难与挣扎吗？所谓"灵性"生活的观念里通常就是充斥了这种悲观的看法。一个个上师来来去去，他们都承诺可以提供出路。涅槃本身就是一种精神层次的退休观念。

对于那些伟大的艺术大师能够继续留下来创作音乐、画作与诗作，我实在是乐观其成。也许他们如果真的能留下来，可能会多喜欢这个世界一点。

说到罗伯·弗罗斯特、乔治亚·奥基夫或是米开朗基罗、伏尔泰、歌德、丁尼生（Tennyson）、雨果、威尔第、托尔斯泰、萧伯纳、海顿、丘吉尔或者毕加索，他们哪一个不是活到八九十岁，而且仍有自己的缪斯女神当亲密伴侣？我们在这些人身上发现的并非出世之道，而是入世之道：我们发现的是一个充满生命未解之谜的世界，永远有东西可以给予，永远如此鲜活与新颖。

20世纪70年代那种"找到……"或"得到……"的观念已经去而不返了。终结这种观念的，也就是那些抱持"找到……"观念的人。这种经验往往无法让人们获得自己想要的退休生活——也就是不再怀抱志向、不再学习与奋斗。他们并未发现一个可以帮助自己逃离复杂与讽刺生活的简单解答。

创造的传统向来强调的并非立刻获得启发，而是稳定的进步；不是寻求生活的解脱，而是生活的方式；不是危急无望，而是要让生活充满了创新的意义。

我刚刚开创"创造技术"课程的时候，当时正开始流行起来的是强调立刻能获得启发的研讨会。我所规划的基础课程是五周，一周一次课。这种课表让学员可以在课堂上学习创造历程的原则，接着在周间进行练习与实验。几位朋友认为自己很了解人性，他们跟我说：几乎没有人愿意上五周以上的课程。（等到已经有数万人来上过"创造技术"课程之后，他们自己也来上，接着就改变了心意。）

对我来讲，五周只是长期创造历程练习的开始而已。如果你上了五周的外语课程，但没有练习，你就没有办法开口说，还有阅读与书写那种外语。一直要等到你练习过后，透过同化作用把新技巧融入生活，你的外语

第十五章　创造的动能

才能流利起来。

创造历程并非最难学习的技巧。它比大提琴、木工甚或捏寿司等技巧都容易多了。因为，与那些更为复杂的技巧相较，创造活动更符合人类的天性。

但是想学习创造仍然需要时间和经验。每一次创造活动都会为未来的创造奠立基础，你对创造的熟悉度也会自然提升。时下流行"突然走红"或"一夜致富"的观念，但在创造时没有人是像那样突然"大功告成"的。

每一位创造者所投入的都是一种会越来越熟练的渐进式工作。贝多芬写了九大交响曲，每一首曲子都体现了他的新发展，每一首也都为下一首增添了更强的创造力。假使贝多芬能够活久一点，他就能写出第十号交响曲，接着再写第十一号。每一首都会把他的艺术境界往前推升，这不是一种突破，而是演进。

回归到你的生活层面上，你是希望透过财富、名声、退休或者死亡而获得立刻解脱，还是想把你所拥有的时间当成资源，设法让你能够创造的事物问世？对于创造者来讲，一辈子的时间何其珍贵。我们不但利用时间创造，也利用时间来欣赏与体验事物。诗歌可能比其他任何艺术形式都更有办法描绘各种特别的时刻——尤其是那种原本可能不会被注意、没有人看得出来的时刻，即便是那些充满痛苦与冲突的时刻也是值得欣赏与喜爱的。（对此我有个理论，任何东西如果还没有被人写进流行歌曲里，也许就不是真实的。）

生命中的每个事件都能帮你的创造历程累积动能。

同化阶段的衍生作用

同化本身不但是个演进的历程，它也倾向于衍生出其他演进历程。若想从你生命中的现状迈向你的理想境地，你是没有任何捷径可循的。

那是一条逐渐以演进的方式发展出来的道路，而且你想要创造的东西，至少对于你的生命而言是独一无二的。也许你会发现自己采取了过去未曾

第 2 部分　创造的历程

采取过的行动，萌生过去未曾萌生过的想法，同时也受到过去未曾有过的启发。

波士顿交响乐团的打击乐手弗兰克·艾普斯坦（Frank Epstein）同时也是拼贴新音乐乐团的创始者。他的乐团已经有超过十五年的历史，如今是美国致力于演出新音乐的重量级团体之一。艾普斯坦在乐团中扮演的角色让他有了全新的愿望、经验与方向：

促使拼贴乐团问世的，是我在二十多年前的一个愿望，当时我在柏克郡音乐中心（Berkshire Music Center，波士顿交响乐团在夏天时的据点）当实习生，指导我们的是团长冈塞·舒勒（Gunther Schuller）。我的愿望是表演新形态的室内乐，这对我来讲是个全新的方向。我所受到的挑战是必须培养新的技术与音乐技巧，新的音乐演奏概念，也有机会与作曲家们合作，实现他们的音乐愿景。这让我有了新的音乐与艺术目标，拼贴乐团的成立变成那种发展的凭借。自从成立后，拼贴乐团已经投入了至少一百五十首新作品的表演工作。也许透过这些创新的刺激能够衍生出未来的经典之作。也许我们正在创造历史。

同化与反抗—顺应取向

当你要从现状迈向理想境地时，如果你试着用人为手段控制你走的路，你就抑制了真正的同化作用。试着控制这条路的话，等于是限制了种种会发生在你生命中的可能性。

如果你处于反抗—顺应取向中，你很容易就因为几个理由而抑制了同化过程。

首先，在这一取向中，你所采取的行动不会衍生其他行动；你为了达到目标而采取的每个步骤都是完成就了事了，不会因为学习以及将学到的东西同化而产生动能。

其次，你所采取的每个新步骤与前一个步骤的潜在难度都一样，因为前一个步骤对于你的学习与经验并无帮助，不能帮你提升能力。每当你采

第十五章 创造的动能

取一个新步骤时,你也许会觉得自己就像从头来过。你所采取的每一个步骤都是受到现有环境驱使的,因此屈从于环境。

第三个理由是,你压根就不会想到许多能帮你创造成果的关键步骤,因为它们与你先入为主的观念相去甚远。

我们的教育有很大一部分是以辨认与比较为基础:A看来像B,C看来像D。A应该归类为B,C应该归类为D。这是一种问题诊断式的生活方式,辨认环境、把环境跟你的既有知识拿来比较,然后采取适当的反应。这种训练抑制了原创思考。

因为这种思考方式,人们试着透过持续学习来取得较大的比较基础。

但是像这样不断搜集事实与理论,其实无助于我们的创造活动,也无法帮我们理解现实处境。当人们用这种方式思考,就会发现自己只是搜集了无穷无尽的资讯,而且终究没有多少用处。这是为什么人们无法轻易地为生命创造动能的理由之一。曾有个斯坦福大学的学生语重心长地对我说:"我学得越多,就懂得越少。"

"别学了,"我说,"那没有用。"

他就是把学习当成了持续搜集事实与理论。而他之所以意识到自己"懂得越少",是因为发现资讯实在是太多了,就算穷毕生之力,他所比较归类的终究只不过是九牛一毛。他不只没办法创造动能,而且还进退失据。

因为创造历程的许多事件都无法预测,事先看不出来且非比寻常,而且有时候从线性的观点看来不合逻辑,所以搜集再多的理论与事实对你也没帮助,甚或可能有所妨碍。通常来讲,创造历程的许多步骤似乎"根本不合理",但它们还是发生了。当你持续提升自己的创造力,以"方式精简即是美"的原则限定创作可能性之际,这种非连续性的事件就变得可预测、可靠而且有用了。人们常常以为非比寻常的创造方式似乎是创造时的重点。其实不然。重点是你可以轻易地创造出自己想创造的东西。

在"创造技术"课程的学员档案里,我可以找出数以千计的例子来说明非连续性事件是创造历程的一部分。许多事件都不是他们计划或预期的,

第 2 部分　创造的历程

但只要有用就该欣然接受。

有一位旅行业者的愿景是把他的旅行社规模扩张为两倍，某次在自己本来没有计划要参加的派对上遇到了一位所谓"隐名合伙人"，对方愿意投资五万美元在他的扩张计划上。

一位经济不宽裕的年轻编辑梦想着环游世界，投宿豪华酒店，而且能到最棒的餐厅里吃饭。结果有一家旅行指南出版社聘请她环游世界，工作内容是为餐厅与酒店撰写评鉴。

一位芝加哥的平面设计师一直想要帮某个纽约电视网的节目做平面设计工作。她在芝加哥赢得了"最佳电视平面设计师"的奖项，这引起某位纽约制作人的注意，结果她就受邀去做自己梦想中的工作了——为"麦克尼尔·莱勒新闻时间"担任平面设计工作。

一个来自波士顿地区的妇女想要自创餐饮公司。她开始帮一个知名的餐饮厨师当洗碗工。因为厨师常常人手不足，所以她也接受了其他工作训练。然而，她始终并未获准当厨师。她做这一份工作的目的是学习，所以能够像这样待在自己最后想要创业的行业里，她还是心存感激。某个周末有一场非常重要的婚礼，二厨却生病了。他们再次欠缺人手，厨师要她代替二厨上场。因为她一直都在自修厨艺，她发现自己能够顺利顶替二厨。她透过"创造技术"课程而学到的重要价值之一是，不管成功或失败，都是我们学习的机会。所以，她并未因为一开始的失败而放弃，反而是在那个周末培养出厨师工作的实务能力。不到十天，她老板就邀请她加入了餐饮厨师的团队。

一位洛杉矶的吉他手在广告公司担任广案文案撰写人员。他决定不再写文案，改写广告歌曲。公司喜欢他的文案，但不让他写广告歌。尽管还没有看到新的工作机会，他还是决定要离职。隔天，一个已经七个月没有联络的吉他学生的丈夫打电话给他。学生的丈夫在一家电台上班，提议与他签约，要他为电台客户撰写录制一首广告歌曲。他写的那首歌如今在全国各地都仍然听得到。从此他也成功开启了广告歌曲事业。

第十五章　创造的动能

一位航天工程教授在一个死板的研究环境里工作，处处受到压抑。他把大部分的创造能量都用来批评同事，对他们提出嘲讽的评语。上过"创造技术"课程之后他发现他在浪费自己的天赋。上课上到第四周后，他就在自己的领域里创造出一个重大突破：他研发出一种可以用于直升机的新材料。

他获得了专利，开始为了说明自己的研究工作而展开世界之旅。等到他回来时，他所在的大学为他开设了一个新的专业，不但有一笔新编的预算，还享有自由研究的权力。

当你进入了同化阶段，你所采取的每个步骤都会教你接下来要采取哪些步骤。你用于创造过程的能量会源源不断，持续累积。你所需要的资源就会聚积在一起。有时候，同化的演进历程甚至还会出现一些非比寻常的巧合，把你直接送往你想去的地方。

动能与反抗—顺应取向

对于身处反抗—顺应取向的人而言，"动能"是成长与发展过程中最难理解与捉摸不定的特质，因此他们也不知道要怎样使用它。在那种取向中，他们并不会借由累积动能来达成自己想要的结果。因为他们采取行动只是为了避免或减少冲突造成的不安，所以只能体验到来来去去的冲突，还有于瞬间爆发出来的短暂能量。

此外，因为他们所采取的每个步骤都是单独孤立的，就像膝反射那样与其他行动无关，每个行动都只是用来化解某个现存的冲突而已。有冲突，就会有反抗。在反抗—顺应取向中，每一个行动—反抗的情境都是独立事件，不会通往特定的地方，当然也无法脱离冲突的局限。

在创造取向中，累积能量则是一件自然而容易的事。你所采取的每一个行动，无论是否有直接的成效，都会为你走的路累积额外能量。因此，你所做的每一件事，包括那些没有直接成效的事，都会促成最后的成就。

假以时日，你会觉得你想要的成就越来越容易创造。

河床的结构会自然而然让水流沿着最小阻力之路前进。当水量增加时，水流的动能也增强，从河床通过的整体水力也增加了。

学会如何累积动能

所有成功的企业家都学会了如何累积动能。

其中一种方式，是建立起以下这种成功模式：刻意陆续达成一个个较小的成就，让它们累积成最后的目标。每一个成就都会增强动能，你很容易就能将它们同化，这也有助于累积信任度与熟练度。

我认识的一位木匠兼杂工想要成为城里的最大承包商之一。一开始，他只是受雇于另一个承包商，此时他在城里一个吸引年轻人与中产阶级的地区买了一间老旧的房子，利用晚上与周末去整修它。把房子卖掉后，他就有钱可以再买下两间老旧的房子，付钱给几个朋友帮他装修。

过没多久，他就开始自立门户了。四年后，他手下已经有二十个员工，他的承包生意也大发利市。接着他把注意力转移到比较大间的房子，开始购入与装修比较老的公寓大楼。

自然而然地，他也开起了第二家公司：一间公寓出租与管理公司。过没多久他的第三间公司问世，他成为地产商。因为在承包工程与出租公寓的过程中他不断累积经验与技巧，尽管城里建筑公司林立，新公司成立后两年内就开始经营得有声有色。他的朋友都称他为"公寓金刚"，因为他们说他总是在城里的大楼上面爬来爬去。

随着动能开始累积，他也累积了许多成功经商的能力。自立门户案之后的四五年间，他的能力大增，不管是在财务资源、与银行的关系、人力资源、建筑业的技能等方面，能够帮他忙的人也越来越多了。透过累积动能，他也培养出一种特殊能力：各种能够帮他管理公司的人都被吸引到了他身边。

如今，尽管他已经是几家公司的负责人，与五年前相较他却有更多时间留给自己。他喜欢他的工作与工作团队，也爱他老婆。他曾说："重点不是钱，有钱很好。但除了带来方便之外，钱真的不是重点。重点是我为这世界带来了美景。我把许多人跟地方都连接在一起，我正在改变城市的面貌。"

当你把你采取的行动同化之后，你也会累积能量，朝新的行动迈进。那位企业家所做到的，是让他所采取的每一个行动都变成他的一部分。在他发展的过程中，他把这些步骤都融合在一起，每一个步骤都能帮他朝向目标迈进，而且更重要的是，透过每一个步骤，他都在学习怎样利用动能来累积动能，进而达成未来的目标。

所谓累积动能不只是有意识地透过自己的行动来学习——无论行动结果的成败。对于那一位成功的承包商而言，累积动能也意味着为他的企业累积实力。他的每一次事业布局都为他带来可以往内吸收的额外能量，就像健身的人只要规律地运动，就能强化肌力与耐力。

如何运用动能

这位企业家到底是怎样达到成就的？

首先，他不是解决问题，而是累积动能。一路走来的每一步，无论发生了什么事，他都能够把那些事都当成学习的经验，学会如何更有效地累积动能。

其次，他懂得寻找累积的新方式。他寻找接受挑战的机会，透过挑战去实验。成为地产商后，一开始他试着做一些超过他既有能力的项目。例如，他试着帮人兜售一大块商业用地。虽然没有成功，但他了解到自己实在是不自量力。他把注意力转向比较简单的项目，例如民宅、比较小的出租公寓大楼以及具有独立产权的公寓大楼，选择比较容易成功的地产开发计划。接着他开始寻找，同时也很容易就注意到一些在他的能力范围内但仍有相当程度挑战性的建筑活儿。接受挑战也让他得以累积动能。他逐渐开始扩张。

最后，他发现经验有助于累积动能。每一个他接下来的项目都让他学到如何当个企业家。即便项目不成功，他还是学到了新的技巧。他学会了如何协调行政与财务管理工作，如何掌握时机。他不只自己学习，还帮助员工学习。早年他把风险降低，如此一来当他还在学习的时候也不至于让公司倒闭。他每做一个决定，自己的决策能力也随之增强：决策成功，他学到了成功的决策有哪些特色；如果不成功，他也能掌握无效决策的特色。他无时无刻不在帮自己扩张企业视野。

当他把学到的东西同化之后，他就能够往前进一步，用越来越宽广的视野去观察逐渐扩大的事业版图。透过这一视野，他也能够预测业界的发展，把这一先见之明当成决策依据。逐渐地，最小阻力之路就会带着他走向越来越成功的境地，每次他成功了，也会获得更多动能，带他迈向下一个成就。

不拘泥于公式

因为这位承包商把他所采取的行动予以同化，他也成了熟悉自身特有创造历程的专家。尽管他也有一些传统的智慧可以采用，但他从来不会受其局限。事实上，一路走来，他所做的一切就是发展出自己该采取的步骤，以及特有的创造方法。如果他完全依靠标准的公式来经营公司，他就没有办法累积动能，或是把他所采取的步骤予以同化。他之所以有办法累积动能，并且把那些步骤同化，只是因为他发展出了完全属于自己的创造历程。

全美国没有任何一家商学院能教他搞懂身为承包商所需要知道的一切，因为某些他需要知道的东西都是专属于他所面对的特定情境。创造历程的重点是创新，而非不假思索地遵循传统。

"人类的天性偏向于拘泥于形式，这不但令人吃惊，甚至是一种悲剧。"画家康定斯基（Wassily Kandinsky）在一封写给作曲家勋伯格的信里面这样

第十五章　创造的动能

写道,"过去,创造出新形式的人遭到唾弃。如今,同样的形式却变成一种再也无法撼动的律法。这真是一桩悲剧,因为这一次又一次显示出人类大多都是依赖外在的东西。"

像康定斯基与勋伯格这一类艺术先锋,一路走来总是不断在创造新的表现形式。他们不是为了形式本身而创作,也不是为了造就艺术派别或运动,而是为了表现出他们的艺术愿景。

就像勋伯格在写给康定斯基的一封信里面所说的:"我早就觉得我们这个时代非常伟大,会出现在此刻的可能性不止一个,而是许许多多个。"

许多人自称无调性主义者,自称为他的追随者,勋伯格对此感到很尴尬。"去他的,"他跟康定斯基说,"我在作曲时心里从来没有想过任何主义。那跟我有什么关系?就我个人而言,我并不太喜欢那些运动,但至少我不用担心他们会一直模仿我。在那么多人引发运动风潮之后,一切都会立刻改变的。"

在创造取向中,你完全只能靠自己。即便你发现一本书或一门课程能提供有用的资讯,你仍然需要将那些资讯同化成为你的一部分,运用在特有的情境里,借此创造动能。

在创造取向中,当你能够持续把自己一路上采取的步骤予以同化,潜在的结构就会自行重整,因此最小阻力之路就会直接迈向你想创造的东西。而且,不断增强的动能也能帮你更有效地在路上行进。

将结构性张力同化

学习任何技巧时,一开始你必须搞清楚自己在学习的步骤。当你开始学开车时,你必须搞清楚自己的脚在哪一个踏板上,还有脚掌要用多少力气。你必须想一想怎样转动方向盘,何时换挡,如何使用后视镜,如何测量距离,如何倒车,如何路边停车等等。

一旦你将这些能力同化了,你不再需要仔细思考脚掌需要施加多少力量才能让车子平顺安全地停下来。当你想要停车或减速时,你自动能够完成必要的各个动作。

当你一开始把结构性张力用于创造特定的成果时，你必须在脑海里同时仔细牢记你的愿景（你想创造的成果）与现状（你身处的环境）。

当你有意识地练习同时聚焦在你的愿景，并且观察现状，你将会开始有办法把这个行动予以同化，最终让它变成一个习惯。你也会自然而然地把结构性张力融入内在，让它成为你内在结构的一股庞大力量。

多年前我迁居洛杉矶。刚去时，我听当地人说洛杉矶会下雪，感到惊讶不已，因为不曾听说那里也会下雪。我问道："什么时候会下雪？"他们回答："等到我们花两个小时，开车到山顶上时。"

因为我是在新英格兰地区长大的，所谓"下雪"的概念与他们截然不同。对我来讲，雪不是那种必须特地开车去看的东西。雪会自己飘下来，四周都是雪。

当你一开始利用结构性张力来创作时，你会想要"刻意寻找它"。它不是你正常生活方式的一部分。但是等到你与它的关系越来越密切，它将会被你同化到生活里。你会发现它已经成为现实处境的一部分。到时候，你无时无刻都会意识到自己想创造什么，什么对你来讲是重要的，而且你也会主动观察自己的现实处境。

对你来讲，同化作用本身也会变得极其自然而自动。当你开始达成自己想要的成就时，你会更易于达成新的或者更深远的成就，因为你已经将结构性张力与创造取向同化了。借由将结构性张力予以同化，你也会开始熟悉自己的创造历程。

第十六章
Strategic moments
以策略辅助创造

当你发现环境不如你意的时候，其实你正处于创造历程中极为有力的关键时刻。无论你喜欢或不喜欢你现有的环境，它都是一种必要的反馈，你能够经它了解创造活动的现况为何……

缺乏进展的时刻

在创造历程中，有时候你看来就像停滞不前，甚或往后倒退，此刻你就需要讲究策略了。显然，缺乏进展时你必须讲求策略，因为此时你所采取的行动将会决定你最后是否能够成功。

一位徒步新手背着背包站在阿巴拉契亚山道沿途的一座山顶上，邻近的山峰似乎只在半英里外。他朝着另一座山的方向出发，结果发现自己走进了一道山谷，深度远远超乎自己的预期。他已经走了至少两英里。从谷里看来，此刻他与那一座山峰的距离好像比他刚刚看到的时候还远。

但实际上他已经比较接近了。他并未远离第二座山峰,并未向后倒退,事实上还是朝着它前进。同样的道理,在创造历程中,有时候你会觉得自己与成功之间的距离比刚开始时还远,但事实上你已经比较靠近了。

那位徒步新手来到了攻打过程中的策略性时刻,他大可以做两个假设。他可以假设那一条似乎通往山顶的路实际上正带着他远离那一座山。他也可以假设第二座山峰比他原来所认为的还要远。

他当然知道第二个假设是正确的,而第一个是错。然而,当你处于创造历程之中,你不可能永远都跟那一位徒步新手一样能看得那么清楚。在迈向你想要的成果时,有时候你会发现通往成果的路可能远比你原先认为的还要复杂或漫长。登顶的例子与创造历程之间的差别在于,那位徒步新手知道如果他继续走下去,最后一定可以抵达第二个山顶。然而在创造历程的策略性时刻里,你却并不是每次都看得出自己将会达到自己心里的成果。

时间差

当你刚开始改变生活时,你通常都必须历经一段时间差才能开始看到改变的成果。

如果你训练汽车工厂生产线上的员工,在汽车产品品质提升以前,也是要历经一段时间差。在汽车产品品质提升之后,到市场感受到品质提升之前(这一感受会反映在销售数字上),也会有一段时间差。

通常来讲,你在采取创造的行动之后,你想创造的成果不会立刻随着行动而来。因此你有可能已经有效促成改变了,但有一段时间却不自知。

如果你开始节食,你就会预期自己能减肥。但如果你在开始节食之前吃了一顿大餐,也许节食的第一天你的体重实际上是增加的。

此时你一定立刻就想要做出结论:节食导致体重增加,或者这种节食方式对你而言无效。然而，实情是节食的成效还没有机会出现，行动与成果之间有一个时间差。

你对于成果的定义也是创造历程的关键环节。体重增加其实是吃大餐的结果，可是如果你把它定义成开始节食的成果，你可能就会停止节食。

因为时间差，人们常常会放弃实际上有效的行动，但这些行动的成效却还没有机会出现。你为这些行动赋予的意义可能就会决定动能

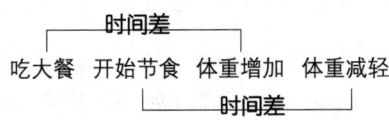

得以累积，或是被削减。若你能够考虑时间差这个要素，你就能更精确地描述你的现状。在评估可能成功的行动时，如果你对效能的评估不够精确，你就很容易放弃行动。

行动造就成果，结果则让你得以定义行动，或者为其赋予意义。未来你将会继续采取什么行动，取决于你如何定义"行动"与"成果"之间的关系。这也会影响你的动能。

进行创造时，在彻底达到你所选择的成就之前，一路上可能会数度遭逢时间差，而某些人可能会觉得非常受挫折与惊慌。但是，当你持续朝着成就迈进时，这就是所谓的策略性时刻，因为这些时刻就是你有办法催化创造历程的重要契机。

随着时间过去，你的经验增多，你所采取的有效行动将会开始促成你想要的成就。你将学会如何采取比较有效的行动，借由改变那些不是那么有效的行动来调整你的路径。

厌恶现状

创造历程中比较难以吸取的教训之一，就是学会如实地认清现状，而所谓实际的现状往往与你所认为与希望的并不一样。

现状与你所期望的可能不符，但如果你持续厌恶这一事实，那你等于是妨碍了自己，无法充分利用现状来创造结构性张力。

去泛舟的时候，你就必须如实地认清现状。划进急流的时候，你可能会认为"这河水以前很平静，现在也应该很平静才对"，但就算再怎么厌恶你面对的现状，也无助于安全穿越恶水巨岩。事实上，就因为你无法立刻如实地认清现状，你也许会落水或撞上岩石。

另一方面，如果抵达平静的水域之后，你还是像在急流里一样持续划船，不但浪费了大量精力，你也一样可能会落水或撞上岩石。

现状往往与你所预期的不一样。如果你对这一落差持续有所积怨，你就再也没有办法彻底认清现状了。创造时的重要能力之一就是当改变发生时，你必须要有认清现状的能力。

你讨厌的情况

为了改善电子产品在海外的销售情况，某企业的高管安排了一场重要会议。来自欧洲各国的公司代表有五位，其中两位无法参加事先安排好的会议，理由是欧洲突然出现暴风雪，班机因而取消。高管决定照常开会，但开会时他一直对两位代表未能出席这件事有所积怨，以至于他似乎把某一部分怨气发泄在另外三位出席的代表身上了。他拒绝如实地认清与接受现状——只有三个欧洲代表能够来与他开会。

因为现状通常包括令人讨厌或计划之外的情况，所以你也许倾向于逃避如实地接受现状。这种不接受的态度会让你失去力量，因为一旦你对身边环境进行了错误诠释，你就无法创造你想要的成就了。

分析现状

有些人拒绝如实认清现状的方式是持续分析现状应该是怎么一回事才对，"情况怎么会变成这样？"与"现在的情况到底怎样了？"是两个不同

第十六章　以策略辅助创造

的问题。许多人把两个问题搞混了，针对第一个问题提出许多理论与解释，因此浪费了许多时间。

一对中年夫妇正驱车前往科罗拉多大峡谷。那天早上，他们在汽车旅馆时有人说他们距离大峡谷还有四小时车程。开了四小时后，连个大峡谷的影子都还没看见，他们还迷了路。最后他们发现了一座休息站，在那里问到方向。但是从休息站到大峡谷的一个半小时路程里，他们俩持续讨论他们之所以会迷路，可能是因为哪些地方转错了，哪些地方该转没有转。到了大峡谷以后，头半个小时他们俩还在持续分析自己为何会迷路。

在反抗—顺应取向中，进行这种无用分析的人通常有一个合理的借口：搞清楚自己为什么会落入现有的境地是有好处的。

但事实是，现在你就是处于这样的境地里。

此外，奇怪的是，如果你不断讨论自己为何会落入这一境地，往往会让你搞不清楚你现在所面对的状况为何。这对夫妻的对话一点用处也没有，因为那无助于帮他们从迷路的地方前往大峡谷。

如果你发现你不断重新检视自己为何会落入现在的生命处境，那么你对于现状的观察就已经被自己给模糊掉了。

通常，当一对在一起很久的情侣分手后，各种复杂的情绪会让人难以如实地观察现况。他们也许会互相中伤，寻找各种报复的方式，只从片面的角度去看待对方，借此忽视对方过去有人情味的地方。通常来讲，这才是现实：情侣中一定有一个人想要分手。我们常说感情的事就像"两个铜板才敲得响"，但如果要分手的话，只要一个人说不就可以了。当一段感情结束时，至少是其中一个人已经说了不。一开始会出现的情绪包括觉得被抛弃、被冤枉、被背叛、失落、没有获得公平的对待、痛苦、自尊受伤、被迫改变生活方式，还要面对一个不确定的未来，这一切都让人在一开始很难看清现状。事实上，在如此痛苦与困惑的时刻里，任谁都需要伟大的智慧才能保持客观。但这就是所谓的"认识现状与从中学习"的另一个面向。唯有那些最擅长观察现状的人才有迈开步伐的机会，进而继续创造他们想要的东西。

你越是能够直接且快速地认清当下的现实，对你就越有利。当现状与你本来的预期不同时，这种能力更是特别重要。你也许需要练习一下才能够培养这种能力。在创造历程中，你越是能够有效地直接察觉现况的改变，你就越是能够找出自己该怎样自发地调整步伐，应对环境的改变。你会发现，即便是预期之外的突然改变也没什么，而且应该被视为创造历程中的珍贵与必要反馈。你永远都能够以现状为你的全新出发点。

许多心理治疗案例之所以成功，是因为能够协助病患接受现状。我们的心理是否健康、情绪能否稳定都取决于我们是否能认清现状。这意味着你必须如实地把真相告诉自己，不要加以扭曲改编，也不要找理由。

现状的真相

因为反抗—顺应取向对于避免不安的做法给予高度评价，所以人们通常不会把真相告诉别人或自己。

从小时候开始我们就承受了社会的庞大压力，这导致我们对现状做出了错误的诠释。

我们跟小孩说"没有糖果了喔"，但实际上我们知道抽屉里还有一堆，只是我们不希望孩子们把胃口给搞坏了。我们常常对真相做出错误诠释，因为我们老是跟小孩说："如果你说谎，鼻子就会变长""莎莉阿姨不胖，她只是多了几磅体重而已"或者"你爸跟我没有吵架，只是在……讨论事情而已"。

这种错误诠释都是被社会接受的，其主要功能是避免有人心里受伤。当服务生最后来到餐桌边，问我们说："晚餐还可以吗？"我们总是说："还好。"但实际上我们真正想说的是："糟透了。那一道牛肝煮得比鞋皮还硬。你确定那真的是牛肝吗？蔬菜也煮得太烂，马铃薯太油了，点心不新鲜，服务跟餐点一样差透了。"

有一次我到英国海边村庄的一家旅馆去投宿，凹凸不平的床垫让我难过了一整夜。旅馆女主人问我一切都还好吗，我未加思索地说："呃，你们的床垫有一点凹凸不平。"

她觉得有点被我冒犯了，于是说："应该不会才对，那床垫是我们去年才买的！"

"也许你们应该要求退钱！"我回答道，但她不觉得这句话很有趣。

当你的确已经有了某些体验之后，某些人就是想跟你争论，说应该不是那样。如果那一张床垫是不到一年前才换的，我睡起来就不应该有凹凸不平的感觉。如果肉是刚从市场里买来的，那一道晚餐也不会那么差劲。如果车子刚刚修好了，开车的人就应该不会听到那么大的杂音。

有些人之所以回避真相，是因为认定别人无法接受事实。但实际上，几乎每个人（包括你我在内）都比别人所认为的更坚强、更有弹性，也更有力量。

当你养成了错误诠释现实的习惯，你就会觉得真相似乎很危险。

然而，真相一点也不危险，它能让你获得创造的自由。你唯有透过认清真相，才能够善用结构性张力的庞大能量，进而创造出你觉得重要的东西。

关键技巧

当你发现环境不如你意的时候，其实你正处于创造历程中极为有力的关键时刻。无论你喜欢或不喜欢你现有的环境，它都是一种必要的反馈，你能够借它了解创造活动的现况为何。

此外，当你的处境或环境不如你意的时候，你所面临的就是所谓的策略性时刻，因为在这些时刻里，你能够重新定义你想要什么（你的愿景）、你目前置身何处（现状），让两者变得更清楚，你也得以强化结构性张力。创造取向中的关键技巧也许能帮你善用你讨厌的环境，让它发挥催化效果，把你推向你想去的地方。

这种技巧极其简单，但却蕴含庞大力量。

步骤一：描述你现有的处境

换言之，你必须彻底认清现状为何。如果你在前往大峡谷的路上迷路了，你必须把你的处境如实报告给自己，避免任何诠释、分析或评论。"我迷路了，我不知道大峡谷在哪个方向，我来到了一个小镇。"

步骤二：描述你想去的地方

把你想要创造的成果说出来。"我想要去大峡谷。"切记，此刻请将"你想要的东西"跟"你认为是可能的东西"区隔开来，这样你才能清楚掌握自己想要什么。不要受制于环境，把自己局限在你认为是可能的范围内。

步骤三：再次正式地选择你想要的成果

在心里面说："我选择＿＿＿＿＿＿＿"，把你想要的成果填进空格里。（"我想要去大峡谷。"）

步骤四：继续走下去

一旦你观察到自己身处何方（现状）与想去哪里（愿景），也正式地选择了你想要创造的成果（重建结构性张力），你就该把注意力转移到你不喜欢的处境之外，换个挡、改变话题。也许你可以看看风景、读一本书、好好与伴侣相处，或是继续做你在迷路或者被卡住之前做的事情。

伟大的数学家庞加莱曾经在演算一道算式时被卡住了，他小睡了一会儿。醒来后，他就找出了解答。一位有名的化学工程师在实验室里有所发现，但却似乎无法找出一个公式来解释自己的发现。他决定搭公车到城里绕一绕。就在他一脚踏上公车时，答案就出现了。

作家约翰·海德·普瑞斯顿（John Hyde Preston）曾经这样询问格特鲁德·斯坦：

如果你在写作时觉得停滞，被困住，词穷了，只想得出一些呆板与无意义的字句，你都会怎么办？如果你觉得自己可能再也写不出任何东西呢？

斯坦笑着回答：

如果想继续，就只能继续写下去。这是唯一的方式。如果你对这本书有深刻的感受，书的内容如果是最真实的，它就会跟你的感觉一样深刻，而且你的书绝对不会比你的感觉还要真实或还要深刻。但是你还完全不了解自己的感觉，因为尽管你以为自己的感觉已经都出现了，全都升华了，但是你还没让它流泻出来。所以你怎么知道它会是怎么一回事呢？最棒的那部分是你现在还不知道的。如果你全都了解了，那就不叫创作，而是听写了。

实际运用关键技巧

当两位欧洲代表因为大雪而无法出席会议时，那一位担心海外销售状况的高管该怎样利用关键技巧来面对这种他讨厌的情况呢？

且看他应该怎样利用上述四个步骤。

步骤一：描述现有的处境

那一位高管也许可以这样描述他的处境："事关公司海外销售量的重要会议本来应该有五位欧洲代表出席，但现在只来了三位。"

这似乎是对于他的处境的适当描述。若是想要产生结构性张力，我们必须清楚地将现状如实表达出来；任何理论、解释、找借口以及对于事实的修饰都是不必要的。那一位高管甚至不该把两位代表无法出席的理由说出来，这一点是特别不重要的。

然而，接下来我们将会发现，就高管真正想要达到的成果看来，这种对于现状的描述其实非常不适当。

步骤二：描述你想去的地方

那位高管也许可以将他想要的成果描述为："一个全员到齐的会议，五位代表都能出席。"

这真的能如实描述他想要的成果吗？

有时候这个步骤还挺棘手的。思考过后，我们会发现那位高管所描述的事实上并非他想要创造的成果，而是他原本想要用来达到那个成果的过程。如果他一开始的目标只是希望举行一个全员到齐的会议，那么他就无法制造出有效的结构性张力，进而达成他想要创造的最终成果。为什么？因为他没办法看清楚自己想要的成果是什么。

他真正想要的到底是什么？

如果追问，我们也许会发现，他真正想要的成果是"公司产品在海外的亮丽销售成绩单"。与公司代表开会只是为了帮助达成这一成果的方式。

他想要的成果与他一开始认为的截然不同。既然他已经搞清楚他真正想要什么，他的愿景应该可以被描述为："海外的亮丽销售成绩单"。

然而，他的愿景一经澄清之后，我们就可以用他的愿景来指出现状描述中的重点。如果亮丽的海外销售成绩单是他的愿景，那么现状中与海外销售成绩单有关的是什么？此时他必须将关键技巧的第一个步骤予以修正。

步骤一：描述现有的处境

那位高管所面临的现状，其实是公司产品在海外的销售表现不佳。经过长久的延迟后，货物才抵达当地的分销点。因为延迟，许多欧洲当地的商店发现难以满足顾客。货物从美国送到欧洲时并无问题，延迟的现象发生在货物抵达欧洲后。

适切地描述过现状之后，那位高管才有办法澄清他的愿景。

步骤二：描述你想去的地方

在实行第二个步骤时，那位高管可以将他想要的成果描述为："亮丽的海外销售成绩单，欧洲当地商店能够在下单后三十天内收到货物。"此刻，那位高管必须避免去考虑他想要的成果可不可能达成。反正这个时候他没办法知道他的愿景到底可不可行。他唯一能知道，而且必须知道的是，这就是他要的成果。此外，在他心里这个成果必须够清楚，如此一来成果达成后，他才能发现成果达成了。最后一个检测是确定这到底是不是他真正想要的成果，因此他必须回答这一问题："如果你能够通过三十天内送达服务交出海外销售的亮丽成绩单，你愿意吗？"他的答案很可能是肯定的。因此，这就是他想要的成果，他已经准备好要进行下一个步骤了。

第十六章　以策略辅助创造

步骤三：再次正式地选择你想要的成果

为了正式进行选择，那位高管也许可以在心里说："我选择通过三十天内送达服务交出海外销售的亮丽成绩单。"

步骤四：继续走下去

为了做到这一点，那位高管也许可以与那三位出席的欧洲代表好好开个会。借此，他就在现状（不佳的销售成绩）与他想要抵达的境地（亮丽的销售成绩单）之间建立起了结构性张力。他可以进而建立起一个演进的历程，历程里的最小阻力之路就是通往"亮丽的销售成绩单"。

进入这一脉络之后，对于那位高管而言，只有三个欧洲代表出席的会议就被他赋予了全新的意义。

首先，这一场会议就可以发挥其最高的潜在功效，为达成他想要的成果尽一份力——不管它能够达成什么功效。

其次，会议本身也许能够直接促成产品销售的亮丽成绩单，也许不能，但这并不重要，因为那位高管已经可以建立起达到成果所需的创造历程。他可以用演进的方式做到这一点，因此，他可以采用的不只是传统的手法，也包括各种他未曾想过的方式。

你该怎样把关键技巧应用在你的生活上呢？也许你正在写一份重要的报告，但是报告进行得并不顺利。

使用关键技巧时，首先你必须定义自己的现状（步骤一）：

"我的报告离题了。三段里面有两段可以导向我的结论，但是第三段无法反映出我的重点。"

接着你可以聚焦在你真正想要的成果上（步骤二）：

"我希望把这份报告写得清楚、简洁而且明确，能适当表达出概念。"

然后你正式地选择你要的成果（步骤三）：

"我选择把这份报告写得清楚、简洁而且明确，能适当表达出概念。"

为了执行第四个步骤，也就是继续走下去，或许你可以先去做别的事，也可以继续写报告。所谓继续，也可以包括继续进行你在实施这四个步骤之前正在做的事。

当你继续走下去的时候，通过前三个步骤建立起来的结构性张力就会以一种演进的方式帮你创造出你想要的成果。

善用结构性张力

实施了关键技巧的第四个步骤之后，结构性张力并未停歇下来。这是一个很好的现象，因为，接下来你能够更容易地将结构性张力予以同化。这一张力对你的最大帮助，就是它会衍生出一个自然而然的过程，其中的最小阻力之路能够直接把你带往你想要的成果。这一结构的自然倾向是让你可以获得所有可用资源，不管是你知道或不知道的，并且以演进的方式将资源重整，借此化解你通过前三个步骤建立起来的张力。

"创造"这一门艺术的最重要诀窍之一，就是学会善用结构性张力。如果时机未到，但想要设法化解你自己建立起来的张力，你就会减损自己的创造力。例如，你也许会拒绝认清现状："我们的软件没有问题，只是使用者不会用而已。"或是你也许会掩饰自己的愿景："没错，我们错过了大峡谷，但反正那就是一个大洞，谁想看啊！"

多年前，我曾经试着用一把手锯去锯一块木头。就在我笨手笨脚、毫无成效之际，一位精通木工的朋友刚好来访。他笑着说："让你的工具发挥它既有的功能就好了。"接着他示范手锯的用法给我看，最后我才费了一丁点力气就把要做的事做完了。

同样的道理，现状与愿景之间的落差造就了结构性张力之后，你可别逼自己试着去化解那一股张力，而要让结构性张力发挥它既有的功效。身为一位创造者，即使置身于你不喜欢的情境里，你还是可以学会建立结构性张力、把它维持住，直到它在演进的过程中自行化解。

创造历程与伦理标准

在创造取向中，你绝对不可能会违反自己的道德、精神或伦理标准，因为当你转移到这个取向的时候,你所创造的成果之一就包括了"遵循内在的最高价值"。

前述那一位高管在创造他想要的亮丽销售成绩单时,他不只是会建立起一套有效的程序,还会让一切都在忠于自我的架构里进行。他绝对不会为求目的而不择手段,因为正当的手段(与人类崇高精神相符的手段)才是最有效的手段。创造的结构会以演进的方式衍生出那些正当手段,它们会让你得以踏上最小阻力之路,达成你想要的成就。

事实上,只有处于反抗—顺应取向之中的人才会使用违背自身道德或伦理标准的手段,因为那是一种让人充满无力感的取向。有时候,这些人会为了补偿自己的无力感而妥协,"一切都是因为环境的需要"。

我们时时刻刻都有可能实现至善的理念。这种潜能根本不是态度问题(例如,这跟你能不能进行正向思考无关),重点在于:创造行动本来就会激发人性中善的一面。

因此,你的生命无时无刻都充满了伟大的创造力——特别是那些看来充满困难、麻烦、问题或无助的时刻。实际上,那些"困难而问题重重"的时刻,就是能够帮你完成创造历程的策略性时刻。

第十七章 Completion

完成期

当你认可自己创造的东西，一股完成期的特有能量就会因此爆发出来。这股能量的功能之一是驱使你迈向下一个创造循环的萌芽期。每当你完成了一次创造活动，你都会让一股生命力聚积在一起……

创造周期的最后阶段

完成期是创造周期的第三个也是最后一个阶段，你想要创造的成就将会在此时圆满完成。你的愿景会在这一阶段告终时顺利落实。

"囚徒症候群"

囚徒于出狱前通常会失眠、焦虑、失去胃口，还会产生一堆不舒适的感觉。奇怪的是，经过多年的期待后，等到真正要出狱时，他们居然出现了这种现象。

对于许多人而言,这种因为期待而造成的焦虑有可能出现在另一个更为微妙的层次上。例如,某些人想要好好谈一段感情而产生结构性冲突,他们越是接近自己想要的结果,一股想要把他们往另一个方向拉的拉力就越强。最小阻力之路往往会带他们远离自己想要的感情。结构性冲突导致来回摆荡,他们总是倾向于远离自己想要创造的成果。

完成的体验

当自己想要的东西快到手或是任何成果即将完成时,人们最常体验到的感觉有两种:

一种是充实与满意。

小说家弗吉尼亚·伍尔芙(Virginia Woolf)曾经这样描绘她的书即将完成时的体验:

在这剩余的短短几分钟里,谢天谢地,我必须把《海浪》(Waves)即将完成时的体验记录下来。十五分钟前,我写下了"喔,死亡",在那之前,写最后十页的那段时间里充满张力与陶醉,宛如行云流水一般,我的手似乎只能在后面追赶我的声音……总之,书完成了;我在那里坐了十五分钟,感到如此荣耀与平静,流了一些泪……胜利与宽慰的感觉是如此具体啊!无论它是好是坏,我都写完了;而且最后我的确不是只有一种写完的感觉,而是圆满结束,大功告成,言无不尽——但我也知道我写得有多匆促、多零碎。

另一种常见的体验是忧郁与失落。忧郁随着完成而来,例证之一是妇女生产后偶见的所谓"产后忧郁症"。弗吉尼亚·伍尔芙在写完小说时也曾感到满意,接着便体验到惊慌与绝望的时刻。她用日记来描绘完成另一本小说时的体验:

我很少像昨天晚上六点半时那样悲惨,当时我正在阅读《年华》(The Years)的最后部分。它看来像是多么孱弱的废话、多么模糊的絮语;我真

第 2 部分　创造的历程

是在夸耀自己的衰老，如此冗长。我只能把它丢在桌上，带着发烫的双颊冲上楼找李欧纳［她丈夫］。他说："这是常有的事。"但我觉得不是这样的，从来没有这么糟过。我特别把这件事记下来，以免以后又写出这样一本书。现在，到了早上，我又仔细阅读它，看来却完全相反，它是一本充满活力的书。因为许多人都提到完成作品时曾体验过不安的情绪，他们不但想要避免这种不安的情绪，甚至也常想要避免完成作品。

在创造周期中，完成期是独特而独立的阶段，有些要求必须熟悉遵守。

接受的力量

创造活动的最大力量之一就是接受成果的力量。

几年前我意识到自己这方面的力量还有待开发。我已经开始在某些方面有所成，其中一部分是多年努力的结果。我非常满意我与我在意的人之间的人际关系，"创造技术"课程越来越成功，DMA 公司也开始蓬勃发展，我所开发出来的成长与发展方式对许多人产生了直接的效用，我所居住的城市是我从青少年时期就开始梦想要居住的。尽管我乐于看到这些创造活动的存在，但不知为何，我总有一种奇怪的感觉。我的成就越多，奇怪的感觉就越强烈。

我仔细观察这是怎么一回事，发现一件令自己很讶异的事。我还没有学会如何去接受，我还没有彻底允许自己去接受努力多年而创造出来的成果。

我一意识到自己无法完全接受那些成就，我立刻决定要学会接受，完完全全地接受成果，因为我能看清接受其实是创造历程的关键环节。

接受是一个很简单的过程。当联合包裹速递公司把一件包裹送给你的时候，你从快递员手里接过包裹、把它收下。但是直到你把它接过来以前，包裹都还不是你的。

如果你无法接受你正在创造的东西，你的完成期就功亏一篑。在你能够彻底接受成果、让它融入你的人生之前，那些成果的创造历程就还不算完成，因为包裹还没到你手里。

与我合作的许多人都有为人服务的自然倾向。就某方面来讲，他们都是服务的专家。然而，他们通常都有接受能力不足的问题。许多毕生致力于帮助别人的人都没有培养出自己的接受能力。如果你是这种人，你的接受能力差劲，并不表示这是对别人有利的，因为没有人因为你的接受能力有问题而获得了更好的服务。如果这件事有何影响的话，它就是告诉你服务的那些人，不应接受你所提供的服务。

反向的炼金术

古代的炼金术士尝试把铅炼成黄金。许多人则是拥有一种叫作反向炼金术的本领：把黄金变成铅。他们总是把美好的关系变棘手，把一个融洽的晚宴化为冷战，把成功变成失败。有些人就是不愿正面看待人生。一旦你进入创造取向后，结构性张力将会超越结构性冲突，你也会自然而然地接受自己创造的成果，没有违和感。拥有你想要的东西之后，一开始你也许会觉得不寻常与不熟悉。然而，一段时间过后，你就会觉得拥有自己想要的东西是相当容易接受的一件事。

就算是最糟糕的环境，我们还是可以逐渐忍受战争、冲突、困苦、寒冷、饥馑与瘟疫，而且人们也可以逐渐忍受自己拥有了想要的东西。你可以学会如何接受这种情况。

完成与认可

根据《圣经》篇章《创世记》中所反映出来的犹太─基督教传统，上帝依照自己的形象创造出了人类。因为《圣经》中第一个描述上帝的段落是把他当成创造者，照理讲依照他的形象创造出来的人类也应该是创造者。

《创世记》不只暗示我们是创造者，上帝创造世界的故事也反映出创造周期的普遍结构。

《创世记》说上帝在七天内创造出世界,七天可以被区分为萌芽、同化与完成三大阶段。

萌芽期开始时,上帝做了一连串的选择:"神说:要有光","神说:天下的水要聚在一处,使旱地露出来"等等。

等到宇宙的各个部分把自己塑造出完整的风貌,就像《创世记》所描述的那样,就进入了同化期。

至于完成期,则是上帝宣称他所创造出来的一切都很好,例如"神看光是好的",还有另一句重复的宣言,"神看着是好的",这是认可之举。

创造活动的每一天都需要获得认可。在创造历程中,你不只要为了达成目标而采取行动,还要认可那些行动,这是完成期的重要举动。《创世记》里写道:"神在第七日安息了",这则是认可了整个创造历程已经完成。

认可你创造出来的成果

认可你的成就并不同于接受你的成就,将它纳为你生命的一部分。

接受是一种由外而内的行动:你接受你创造的东西,让它成为你生命的一部分。

认可是一种由内而外的行动:你用你的判断力来评断创造成果。透过你的判断力,你认定那些成果是完整的。画家在画作上签名,就是认可了那一幅画,认定它已经完成了。他的评断是:这一幅画完全符合我对于这一幅画的愿景。

从结构性张力的观点看来,当你认定成果已经完全或者部分达成,你等于是认定了自身现状的一个重要面向:创造活动的现状是不断变动的,而且朝着落实你的创造愿景迈进。

此外,如果你能认可自己创造的成就,也可以确认与强化你已经进入完成期的事实。

当你处于反抗—顺应取向之中,也许你常常忽略了认可这个步骤。你对于成就的认可并无太大意义,因为你认为造就成就的是环境(运气),而

第十七章 完成期

非你自己的创造历程。因为成就取决于环境的运气因素，你几乎无法居功。

当你在进行创造活动时，能够宣布成就已经达成的，只有你一个人，因为唯有你能够决定现状是否与你的愿景相符。当你创造出某个东西后，所有权属于谁？这是一个重要议题。如果你创造出一个符合自己愿景的作品，其他人有权改变它吗？

创造是否已经完成，只能由创造者来评断。

如果你创造的是一幅画，何时才算是画完了？这是个重要的问题，因为任谁都可以用各种方式在画面上增添细节或进行改变。而你评断作品完成的方式，则是认定它符合你的愿景。换言之，现状与你对于成果的愿景相符。

同样，如果你正在写一份报告，到什么程度才算写完？因为你永远有可能以其他方式为报告增添细节或者改编它，能够决定是否写完的，只有你自己。而你评断报告完成的方式，也是认定它符合你的愿景。

在创造取向中，这种评断是关键的。

在艺术领域里，批判性评断是创作时的先决要件。不管是视觉艺术、音乐、电影、舞蹈或雕塑，都是需要学会批判性评断之后才能创作的：鼻子要画多大，和弦应该多大声，要在空中跳多高。

进行创造时，你必须评断创造历程的现状。你距离你要创造的成果多近了？你采取的行动有没有成效？创造活动的现状是好是坏？

如果我们不去做区别，本来就很难了解自己的人生处境，还有什么对自己而言是重要的，以及我们为什么而活。当你避免做区别时，一切看来都是那么任意随兴。当所有东西的价值都相同，似乎没什么是重要的。

生活中哪些东西的价值较高，哪些较低，都是由我们自己决定。价值的高低等级是我们创造出来的，我们决定我们要不要主导自己的生命能量。

然而，如果你采取一种避免进行批判性评断的态度，就会发现自己很难朝某个特定的方向去创造想要的东西。这并不意味着你不在乎自己想在生命中拥有的东西，只是你创造不出来而已。

几年前我把几本里面有许多艺术家访谈内容的书给了我朋友。令他讶异不已的是,为什么那么多人对于一切都有那么多看法。他来自学术界,而学者向来就不会对任何东西有强烈的意见,至少在表达时不会让人觉得他们坚持那些意见。他之所以能够获得博士学位,理由之一是因为他学会了在面对议题时不坚持反对某种看法。但是那本书里面却有来自各个不同时代的艺术家,他们总是自由地表达想法,该给意见时从不回避。这只反映出职业上的差异吗?

如果艺术家想要达到艺术表现的高峰,该给意见时他们就不能回避。在艺术的传统中,他们不只必须进行各种评断,也该真诚地表达。艺术家学会了正视自己的愿景与现状,毫不妥协。如果他们做不到,就没办法创造出真正的艺术作品。

当你在练习与学会善用批判性评断时,你会变得对越来越多的观点保持开放的态度。事实上,面对一个议题时,如果你已经有一个稳固的基础可以形成自己的意见,对了解别人如何考虑也是很有帮助的。有些人之所以试图拒绝评断,是因为他们误以为这样叫作对不同观点保持开放态度。但他们并未保持开放态度,因为拒绝评断已经变成一个他们要求别人遵守的严格教条。

寻求"认同"

许多处于反抗—顺应取向中的人在有所成之后老是喜欢寻求"认同"或赞赏。他们希望能获得确认,借此对自己与自己所做的事感到安心,他们通常要借由别人的赞同才能知道自己是否成功了。这与我们先前所讨论的那种认可截然不同。就像贝多芬说的:

这个世界是国王,所有国王在支持别人之后都希望能够换回阿谀奉承;但真正的艺术是自私而刚愎的——它无法屈服于阿谀奉承的框架中。

在创造取向中,你怎么创造向来不是重点,重点是你的愿景(你想创造的东西)距离最后完成之时有多近。

第十七章 完成期

创造出某个成果后,可能会有一千个人赞赏你,但如果它不能满足你的愿景,你也不会愿意承认它是已经完成的。话说回来,可能也会有一千个人批评你创造出来的东西,但如果你认为它落实了你的愿景,你将会乐于宣称:"它已经完成而完整了。"

只有你有权力承认与确认你创作的东西是否完整了。

完成期的能量

当你认可自己创造的东西,一股完成期的特有能量就会因此爆发出来。这股能量的功能之一是驱使你迈向下一个创造循环的萌芽期。每当你完成了一次创造活动,你都会让一股生命力聚积在一起。而且,因为"生生不息"的原理,这股能量将会透过一次新的创造活动来自行增强与扩大。进入完成期之后,你的灵魂又准备好要进行下一次创造了。

画家萝莉·萨根(Laurie Zagon)如此描述她自己的创造活动完成期:

我觉得越来越兴奋,因为我的愿景出现了。此刻我加快手中画笔,信心陡然增强,对自己说:"现在你做到了!"接下来要完成就容易多了。可能还会有一些微幅修正,但整体来讲,我心里知道它已经完成了。

过去,每当一件作品完成时,我都会坐下来看看它,慢慢开始创作另一幅画。但近年来,我的画作比以前都还要多,因为在完成之际,我都会拿起另一张画布,用画笔在上面随便画几笔,借此保持动能。透过这种创作方式,近年来我的作品已经增为两倍。

你可以把你的人生变成一连串生生不息的创作活动。

创造是一种本能

每当我到一座城市闲逛,无论当地犯罪率多高,政客贪污的情况多么严重,或者是否有人口过剩与环境污染问题,令我感到震惊的是,用于提升文明水准的人类力量总是多过于用于别处的力量,而这些创造活动与事件大多数不会被新闻节目报道。为什么？因为它们不是新闻，就像垃圾获得妥善处理、电力照常运作、新闻节目按照时刻表准时播出一样，都不是新闻。但如果只看电视新闻，你所了解的现状是经过扭曲的。大部分新闻所报道的都是对于环境所进行的反抗与顺应行为。为了让主播的差事看来了不起一点，新闻越戏剧性越好。

人类是一种会进行创造的生物，我们的天性、欲望与倾向都趋向于创造。不管是东方文明或西方文明，一般的抱负都是自然而然地想要去兴建、创造、构筑、发明、改善、组织与形成某种我们真正想要的东西。我们对于这个世界的影响力已经来到了地球历史上的最高点。这股力量只有两种使用方式，就像肯尼迪总统在就职演进里面所说的：

如今时代已经不同，人类手中握有的力量可以用来摧毁各种人类的惨况，也可以用来结束人类的性命。

这是一股不需别人允许就能取得，而且别人也不能将之剥夺掉的力量。唯一能够剥夺这股力量的，只有我们自己。

人类的命运与目的

每个人是否能够善用自身的创造力，最终都要由他自己来决定。因此，你的命运就掌握在你自己的手里。

无论你宣称自己的处境有多艰难，总是有处境比你更为艰难的人得以开创自己的人生，造就自己真正想要的东西。

克里斯蒂·布朗（Christy Brown）是一个只能控制几根脚趾与嘴巴的四肢麻痹症患者，但他却成为一个很棒的画家兼作家。贝多芬也许可以说是历史上最伟大的作曲家，他在耳聋之后，仍然持续作曲。达文西毕生都苦于阅读障碍。斯蒂芬·霍金（Stephen Hawking）是 20 世纪最了不起的理论物理学家之一，但过去二十几年来他一直都患有渐冻症。他的体重只剩下不到一百磅，几乎无法动弹，声带也失去了作用，但他仍然在进行物理学史上最重要的研究工作。20 世纪初期的画家丹尼尔·乌拉比耶塔（Daniel Urrabieta，因为他的母亲姓 Vierge，有处女之意，绘画界都称他为"处女"）本来用右手作画，因为患了严重的脑中风而被迫改用左手。他的技艺超群，后来成为多本法国重要期刊的知名插画家。

你的环境不曾有办法迫害你。在你的创造历程中，这些环境因素只是一些创造元素而已。

学习创造是很自然的事。只是大家都不把创造当成重要的生活方式，社会上没有多少人善于创造。就连小孩也有创造的本性与能力，但却都未获鼓励与培养。

可调节染料激光技术的发明人玛莉·史派斯曾被问到她早期的创造历程，她的回答是：

人们无时无刻不在创造。小时候，我会把麦片盒拿来切割。每当家里买了麦片，我总是会把盒子仔细割开，割出一些沟槽、小洞与缝褶，如此一来我才能把那些缝褶折回去。如今所有麦片盒子出厂时就是像我割的那个样子了。如果我八岁的时候聪明一点，我大可以把自己的构想卖给麦片公司。

创造的本能是永远不会消失的，它总是在寻找表达的机会。当你在创造时，你所善用的是你最自然的一种特长。如此一来，许多人生的难题若非随之消失，就是会变成无关紧要的问题。如果你想利用你自己的这种特长，你该做的不是"解决问题"，而是试着去创造你觉得最重要的东西。

在创造取向中，你内在的身心灵与情绪面向都会进行自我创造，协调地配合与合作。借着这一合作关系，生命的最小阻力之路将会引领你实现你在这世界上最深刻与深沉的生活目的。

第3部分 Transcendence
PART THREE

登峰造极

身为人类文明的一分子，如果我们每个人都能从反抗—顺应取向转移到创造取向，全世界一起迈向超越之道的可能性就会越来越高。

第十八章 The power of transcendence 超越的力量

生命本源与本我这两种力量之间会互相吸引，而且两者之间的这种关系本身就是结构性的，它衍生出的最小阻力之路终究会让两种力量结合在一起……

决定性因素

许多人都觉得被困在过去。他们认为，童年发生的事让他们注定不幸。有些人把自己的出生想象成一桩悲剧，人生就此注定了，他们觉得自己最大的问题就是诞生在这世界上。有些人相信他们是环境或父母教养方式的受害者，这是预先决定他们一生的主要因素。

也有些人认为自己是身上基因的扩大延伸，因此他们毕生的经验主要取决于基因编码。

其他人则是把星座与命理视为决定性

因素。

除此之外，还有人把一生际遇归因于社会、族群或种族背景。

另外一种人则是认为命运主要取决于性别。

理论有许多种，但它们主要都构筑在反抗—顺应取向这个假设上，主张我们基本上都脱离不了一个生命模式。如果真能改变，也必须先面对天生的先决本质。

各种理论面对先决本质的方式不一，但不外乎了解、克服、否认、操弄、体验、接受、压抑、服从、与之对话、让步或是合而为一。

处于反抗—顺应取向的人认为"决定性因素"的概念非常具有吸引力，因为它把一切归因于人们无法直接控制的环境。

转移到创造取向后，你等于走上了学会善用影响力之路。你变成了自己生命中的一股主宰影响力，人生处境中的一切是如此自然而宜人。

促成转移的都是一些主要的力量，像是基本、首要与次要选择，结构性张力，对于真实价值的渴望以及忠于自己。这些力量具有优先地位，至于其他力量，例如操控意志力、操控冲突与结构性冲突，都是次要的。

创造取向中的另一个固有力量甚至比因果影响力更具优越性，我称之为超越的力量。

超越之道

超越是一种重生的力量，让我们得以重新开始、开创新局、砍掉重链，进入一种获得救赎的状态，有了第二个机会。

超越之后，一切再也与过去无关，无论你昔日战无不胜，或者是个常败将军。超越过后，你得以创造新的人生，再也不用因为过去的胜败而有所负担。

所谓超越，并不只是真切体悟到过去已经结束。你必须把你的每一个面向跟生命本源重新结合在一起。

第 3 部　登峰造极

狄更斯（Charles Dickens）的小说《圣诞颂歌》（*A Christmas Carol*）里面的吝啬鬼（Scrooge）一角就足以用来说明超越的力量为何。在一批圣诞鬼魂的带领下，吝啬鬼才得以回首过往、检视现状与预见可能的未来，获得重生的机会。吝啬鬼于圣诞节当天醒来后获得了一个礼物：他还活着，得以实现许多新的可能性，其中包括一种过去似乎可能性不高，甚至根本不可能的生活方式。

故事中的另一个要角是跛脚多病但却聪明透顶的幼童小提姆（Tiny Tim），他象征着人类的善良天性。在被圣诞鬼魂纠缠的那一夜，吝啬鬼与小提姆建立起一种特别的关系。当吝啬鬼问那一位带他重新检视现状的圣诞鬼魂，小提姆能不能存活下来时，鬼魂给的答案是："如果这些惨况仍未改变，我可以看得出壁炉边只剩一张空椅。还有一根主人已经不见但被完好保存下来的拐杖。"

吝啬鬼对小提姆伸出援助的手，小提姆也帮了吝啬鬼，两者都促成了吝啬鬼的超越。事实上，借由这一超越的力量，吝啬鬼才有办法解救小提姆的性命，而小提姆也一样救了吝啬鬼一命。吝啬鬼在自己身上找回了小提姆所象征的那种人类本有善性，借此救赎了自己。

当你找回那种善良天性时，你就能实现崇高的自我价值，重获新生。

从那年圣诞节早上醒来后，吝啬鬼的余生彻底改变了。改变的不只是表面的行为，而是他的整个人生取向。吝啬鬼领略到人生的时时刻刻都珍贵无比，而且他在每一个当下都有办法发挥人性中的至善。

假使吝啬鬼只是体验到某种"高峰经验"，他的人生取向就不会产生本质上的改变。尽管高峰经验可以暂时改变他的行为，过没多久，他还是会回归到往日那种吝啬的嘴脸。

因为吝啬鬼所历经的是人生取向上的改变，他才获得了宛如新生的全新自我。从那个时刻开始，他的过往就再也不重要了，种种改变在他余生的每一天随时随处可见。

并不是改变了人生取向就能获得超越的力量——即便那些令人满意的

第十八章　超越的力量

取向也是如此。你有可能改变了人生取向，但是却仍然生存在一个被因果关系决定的线性系统里，而超越之道是外在于这种系统的。超越之道所召唤的是一种从零开始的力量，外在于先前所有因果事件具有影响力的领域。因为超越是一种全新的存在状态，一旦进入那种状态后，每一个新的时刻你都能活出崭新的可能性，实现过去似乎不可能的一切。

超越之道与创造行动

透过创造行动，你所超越的是你自己、你的身份，还有你的人生，因为你已经懂得如何善用两种法则：因果律与超越法则。

首先，当你进行创造时，你所增强的是一种利用"因"来创造"果"的能力（因果律有时候也被称为"业力法则"），但这种法则并非创造历程的主要力量。

其次，当你在进行创造时，你超越了时空的连续体与其种种因果现象，你所体验到的是一种超越法则。在这一领域里，你不会受到过去种种因果要素的影响。当你开始使用另一张画布，或者开始进行任何创造活动时，从那一刻起，过去就可以算是结束了。当你镇定地站在一张空白乐谱纸或一块尚未切割的大理石面前，这全新时刻所衍生出来的全新可能性是你过去也许完全没有想象过的。

身为一个创造者，你不再受制于过去的因果。你进入了超越的状态，因为在那一刻，任何事都有可能发生。你不会被自己过去所采取的任何行动困住。你不用被迫摆脱自己讨厌的情况。

当然，"过去"在创造取向中的确也有其功能。它能帮你学会如何善用因果律，而这也是创造历程的重要面向，因为进入超越的状态后，你一样要用新的原因来创造结果。过去你在学校或透过其他学习经验学到的一切绝对不会局限你的愿景、阻碍你的成果。过去只会对你有帮助而已。在创造取向中，善用因果律将能促使你体验到超越之道，这让你得以把超越的经验落实成真。透过创造活动,你所落实的就是你自己的生命力。

超越之道并不是某些人口中所谓的"我只是乘载经验的媒介",或者"我只是上帝旨意的工具",这种说法其实是误解了你与创造活动中那特殊时刻的关系。这一观念认为我们的行动在创造历程中并不重要,这其实是扭曲了人类精神蕴含的那种充满力量、美感与独特价值的个体性。

若无人类的选择与行动,许多伟大成就绝不可能问世。当贝多芬在创造九大交响曲时,也许他的确受到了自身某种更高直观知觉的影响,但终究由劳贝多芬动笔作曲。那是贝多芬的创作,若是他不写,那些音乐也不会存在。

因为你在这世间的存在,许多原本不可能的创造活动才得以成真。它们之所以能够成真,都要归因于你的概念、你过去的学习经验、你的各种尝试、你的抱负。

我认为,这世间最神圣的事物莫过于创造行动。在创造历程中,你自身存在的无数面向将会于某个持续的时刻全部汇聚融合在一起。

浪子回头的故事

另一个得以充分说明超越原则的,是一个关于浪子回头的寓言。

故事里,某位父亲有两个儿子。其中一个离家后误入歧途,而另一个儿子则是"好孩子",留在家里跟父亲一起工作。

某天浪子想起了家,决定回去找父亲,但并没有想过自己可能会有何遭遇,或者家人会如何对待他。

到家时,本来以为儿子死了的父亲欣喜若狂,以一场盛宴来庆祝儿子返家。父亲不但让回头浪子保有人子的所有权利,而且如果他不曾出走,好像还得不到父亲的那么多关爱。

父亲接受了浪子,欣喜若狂的表现让多年来都待在家里的"好儿子"感到愤愤不平。当"好儿子"去找父亲抗议时,父亲试着解释,跟他

第十八章　超越的力量

说："你看看，我以为他死了……结果他还活着。我以为他死了，结果他还活着。"

这位父亲与两个儿子分别代表你自己身上三种截然不同的个别面向。父亲代表你的生命本源；好儿子代表的是你身上已经与生命本源融合在一起的部分；浪子则是并未与生命本源融合的部分，这一部分的你并未忠于自己、忠于自己的最高价值。

你身上那如同浪子一般反抗与叛逆的部分总有一天会想起生命本源，想要回归，就像寓言里的回头浪子。

此外，就像在故事里一样，你的生命本源也渴望与你的全部团聚，因此对你伸出双手，就像父亲伸出双手接受浪子一样。

但是你身上"好"的那一部分，多年来始终试着循规蹈矩，忠于自己，只会做好事的那一部分却拒绝与另一部分团聚。

拒绝让你身上各部分自我融合在一起的，不是原本浪荡的那一部分，而是一向逆来顺受、试着当好人的那一部分。

我们之所以无法与崇高的自我，也就是与我们的生命本源重新团聚，大多数人认为都是因为我们身上有叛逆的部分，包括我们的轻率、失败、妥协、说谎、不诚实、投机行为、自私、憎恨、偏见、忌妒、卑鄙、贪婪、自我主义、懒惰、毁灭性格、消极负面与反叛。

与此看法相反的，你身上叛逆的那一部分本来就有"回归"生命本源、与它结合在一起的天性。

你之所以不愿原谅自己，不是因为你身上有叛逆的那一部分，而是那"好的"、逆来顺受的部分拒绝了回归生命本源的强烈渴望。

当浪子想起可以回家时，不会有任何预期——也就是不会有任何保留。

当你渴求完整自我的欲望觉醒时，你在回归自我时不会有任何要求，不会有任何期望，不会设下任何条件。同样，就像父亲因为浪子回头而欣喜若狂，你的生命本源也会欢迎你的自我回归，不会设下任何条件，也不会测验你的自我是否真诚，而且也不求悔改、解释或补偿。

超越经验之所以能够成真，全都是因为父亲（生命本源）怀抱着无条件的爱，渴望自我回归。"我以为他死了……结果他还活着。"

一厢情愿

为了让浪子回归的过程完整与完满，两个儿子必须和解。然而，这个故事里有一个转折。寓言一开始，父亲与留在家里的好儿子是融合在一起的，浪子则与父亲失去融合。但是在浪子返家后，反而是好儿子与父亲不和了。

怎么会出现这种改变？

好儿子对于父亲的付出可说是所谓的"一厢情愿"。这就是反抗—顺应取向中的典型作为：他以为他只要"做对的事""循规蹈矩"并且"听命行事"，就会获得父亲的奖赏。眼见这一位"未循正途"的兄弟备受欢迎、表扬与称赞，他感到非常震惊。

许多人也常这样一厢情愿。最常见的是，某个人以为自己只要做某些事，其他人（甚或整个宇宙）就必须有所回报。

若把付出视为一种交易，另一方其实未曾同意交易，通常甚至根本不知道有交易这回事。

典型的一厢情愿行为常见于男女关系的初期，其中一方单方面决定不再与任何其他人约会，心里也暗自要求对方照做。如果对方未曾同意要求，那就是一厢情愿。

有人是因为和这个世界进行了这种一厢情愿的交易，才会试着"好好过活"。他们认定，如果他们"好好过活"，这个世界就会有所回报，善待他们。问题在于，这个世界并未同意这一交易。

在浪子回头的寓言里，好儿子的行为就是一厢情愿，他是因为期待父亲的奖赏而当好儿子的。但父亲并未就此与他达成协议。

如果好儿子是发自内心想当好儿子，而不是期待父亲的奖赏，他的行动本身就会是一种奖赏。然而，这一寓言蕴含的深意是，好儿子是为了别有居心而当好儿子。这就是典型的反抗—顺应取向行为模式：好儿子认为自己必须当个好儿子，但那并不是他真正想要的。

如果你也与自己做出了一厢情愿的交易，你也会变成那个好儿子。若是你发现你为了过去并未忠于自我而难以原谅自己，理由之一也许就是你做了这种交易。

当个完美的人

许多人对自己与别人都力求完美。但我们活在一个不完美的世界里，讽刺的是，唯一能够百分之百确定的，就是没有任何人事物是完美的。

维克多·弗兰克（Viktor Frankl）在《活出生命的意义》（*Man's Search for Meaning*）一书中指出，圣人并非因为试着追求完美而成为圣人。

我在座谈会上认识的许多人本来都抱持着必须追求完美的观念，接着他们因为办不到而自责，因为"犯了许多错"而拒绝原谅自己。

能够原谅你的，就只有你自己——甚至你也该原谅你内心那一部分像"好孩子"一样的自己，原谅自己为了追求完美而一直不肯原谅自己。

当你不怀抱任何期待、要求，并未别有居心或一厢情愿，只是想要找回完整的自己时，你生活中的潜藏结构就会出现一个关键改变。生活的最小阻力之路会引领你走向超越的状态，你一定能够找回完整的自我。

在反抗—顺应取向中，"顺应"是一个不可能达成的完美目标，但若是在创造取向里，超越却是一种自然的倾向。

生命本源的力量与本我的力量

超越的力量之所以有办法凌驾于因果的力量之上，是因为在一个各种结构交互影响的结构里，超越的力量是主要的力量，它跟其他主要的力量一样，拥有较为优越的地位。

没有任何东西比你的生命本源更有力量。

你的生命本源总是会努力透过你来进行自我表达。生命本源与那位父亲的无条件的爱类似，两者都充满庞大的力量。这种力量有一种寻求完整自我表达的自然倾向，所以在寓言里，那位父亲也渴望把无条件的爱彻底展现出来。因为这种爱是无条件的，所以不求任何回报。

在此同时，你的本我也渴望与生命本源团聚，就像浪子渴望返家一样。在此，所谓本我的"本"，并不像在某些心理学体系里，具有贫乏、自私、痛苦、愤怒、色欲或幼稚等特性，我所采纳的是犹太灵修卡巴拉的说法，那是"想要行善的本心"。在这一脉络中，所谓"本"，是人性中想要回到生命本源的最深沉渴望。

有时候这种渴望被称为灵魂冲动，因为它位于比心理层面更深的地方，比我们的意识与直观知觉都更为深沉，甚至也比那些能主宰人生的结构还要深。圣·奥古斯汀（Saint Augustine）之所以会说"除非安歇主怀，否则人心永远不安"，就是因为他深深了解这种渴望。

超越的结构

生命本源与本我这两种力量之间会互相吸引，而且两者之间的这种关系本身就是结构性的，它衍生出的最小阻力之路终究会让两种力量结合在一起。

因为这两种力量都是独立于时间之外而存在的，它们在任何时刻都可能结合，甚至在照理说来似乎不适当的时刻也不例外。

在因果的结构中，事件依序发生，前者为后者的原因，因此在这因果序列中，每采取一个新行动之后唯一可能的，就是接着采取另一个行动。正因如此，若是与既存因果序列无关的，似乎就不可能发生改变。

然而，你还是可以超越自己的环境、历史与生活的主宰结构，超越过去与现在的一切，尽管这看来像是个奇迹，甚至超脱了一般的因果关系。

你可以回归到你的自我。

第十八章　超越的力量

文明的超越之道

超越不是一种个人的原则，整个人类文明也能走向超越之道。

当我们回顾历史上那些发挥影响力的因果关系时，也许会得出一个结论：此刻人类文明可能会在未来走向毁灭、衰败或瓦解。然而，地球上的每个人都深深渴望能够追求崇高的自我。因此，身为人类文明的一分子，如果我们每个人都能从反抗—顺应取向转移到创造取向，全世界一起迈向超越之道的可能性就会越来越高，因为超越之道是创造取向的常规。

综观世界史上的历史人物，他们大多是处于反抗—顺应取向中，受限于结构性冲突的框架，最小阻力之路把他们带往一个又一个环境，他们的作为大都是受到环境的驱使，几乎不可能构思愿景，进而创造出自己想要的东西。

但是，历史发展到了此刻，因为愿景的驱动、因为人类胸怀抱负、因为现状的种种固有因素、因为每一次创造行动的促成，我们看见一扇通往新时代的大门已经敞开，那是人类文明得以迈向超越之道的时代。

随着大家都学会善用自己的创造历程，每个人都有潜力成为主宰自己人生的创造力。

就组织而言，因为每个成员都善于进行创造，借此得到自己最想要与最爱的东西，因此将会出现一种新的领导者，他们是创造者，他们带领着个人进行集体创造，塑造出前所未有的人类文明。

当有人问史学家西奥多·怀特（Theodore White），什么是塑造历史的主要力量时，他的答案是："理念。"

目前开始广为流传的理念是一个已经成熟的洞见：影响我们这个时代最深的原则是，每个人都能够成为主宰自己人生的创造力。

一旦你自己发现了这一原则，你就再也不会走回头路了。你的人生面貌将会从此不同。

图书在版编目（CIP）数据

最小阻力之路/（美）罗伯特·弗里茨（Robert Fritz）著；陈荣彬译. —北京：华夏出版社有限公司，2021.5（2024.11重印）

书名原文：The Path of Least Resistance

ISBN 978-7-5222-0032-3

Ⅰ. ①最… Ⅱ. ①罗… ②陈… Ⅲ. ①成功心理－通俗读物 Ⅳ. ①B848.4-49

中国版本图书馆 CIP 数据核字(2021)第 017315 号

The Path of Least Resistance by Robert Fritz

Copyright © 1989 by Robert Fritz.

Simplified Chinese copyright © Huaxia Publishing House Co., Ltd.

All rights reserved.

版权所有，翻印必究。

北京市版权局著作权合同登记号：图字 01-2016-2144 号

最小阻力之路

著　　者	[美]罗伯特·弗里茨
译　　者	陈荣彬
策划编辑	朱　悦　卢莎莎
责任编辑	朱　悦　卢莎莎
版权统筹	曾方圆
责任印制	刘　洋
装帧设计	殷丽云
出版发行	华夏出版社有限公司
经　　销	新华书店
印　　刷	三河市万龙印装有限公司
装　　订	三河市万龙印装有限公司
版　　次	2021 年 5 月北京第 1 版　2024 年 11 月北京第 6 次印刷
开　　本	710×1000　1/16 开
印　　张	17
字　　数	200 千字
定　　价	59.80 元

华夏出版社有限公司 　地址：北京市东直门外香河园北里 4 号　邮编：100028
网址：www.hxph.com.cn　电话：(010)64663331（转）
若发现本版图书有印装质量问题，请与我社营销中心联系调换。